换个角度看自己 相信自己一定行

钱静◎著

中华工商联合出版社

图书在版编目（CIP）数据

换个角度看自己，相信自己一定行 / 钱静著 . -- 北京：中华工商联合出版社，2019. 3

ISBN 978 - 7 - 5158 - 2474 - 1

Ⅰ. ①换… Ⅱ. ①钱… Ⅲ. ①人生哲学-通俗读物 Ⅳ. ①B821-49

中国版本图书馆 CIP 数据核字（2019）第 023000 号

换个角度看自己，相信自己一定行

作　　者：钱　静
责任编辑：吕　莺　董　婧
封面设计：张　涛
责任审读：李　征
责任印制：迈致红
出版发行：中华工商联合出版社有限责任公司
印　　刷：河北飞鸿印刷有限公司
版　　次：2019 年 6 月第 1 版
印　　次：2022 年 4 月第 2 次印刷
开　　本：710mm×1000mm　1/16
字　　数：266 千字
印　　张：14. 75
书　　号：ISBN 978 - 7 - 5158 - 2474 - 1
定　　价：45. 00 元

服务热线：010 - 58301130
销售热线：010 - 58302813
地址邮编：北京市西城区西环广场 A 座 19 - 20 层，100044
http：//www.chgslcbs.cn
E-mail：cicap1202@ sina.com（营销中心）
E-mail：gslzbs@ sina.com（总编室）

工商联版图书

目录 Contents

上篇　常反省，养美德

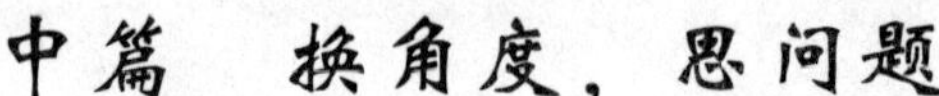

中篇　换角度，思问题

下篇　信美好，爱世界

上 篇

常反省，养美德

时时镜考自己

中国文化有“镜考”一说，意思是自己要经常像照镜子一样考校自己的行为，修身反省。

“镜考”一词出自《汉书·谷永传》：“愿陛下追观夏、商、周、秦所以失之，以镜考己行。”颜师古注：“镜谓鉴照之，考，校也。”

“镜考”实际上是一种间接的“反省”，因为人若学会反省和自我检查的方式，则是一种对自身学习能力的提高，是认识错误、改正错误的基础。一个人能做到时刻反省，防微杜渐，最终可以预防自己犯“千里之堤，溃于蚁穴”的大错误。

是人就会犯错误，就会有迷失方向、认错形势的时候。现实中，“镜考”、反省、三思、检察对人来说是十分必要的。人不可能不犯错，不可能没有过失；在与他人交往的过程中，也不可能和每个人都成为朋友。凡事一体两面，优劣兼具，人也是一样。因此，多反省自己，多接受他人的批评，听得进他人的忠告，就能逐渐提高自己的自身修养和道德修养。

弘一法师认为反省、三思、省察、镜考都是提高自己的好方式，尤其镜考，参照他人，比照自我，不是一件容易的事，所以，他认为人要从内心真切做到这些，而不只是嘴上说说而已。

弘一法师在《普劝发心印造经像文》中曾说："能为一切众生，种植善根。以众生心作大福田，获无量胜果。所生之处，常得见佛闻法。直至三慧宏开，六通亲证，速得成佛。佛世有一城人众，难于摄化。佛言此辈人众，与目连重有缘，因遣目连往。全城人众，果皆倾心向化。诸弟子问佛因缘。佛言目连往劫，曾为樵夫，一日入山伐木，惊起无数乱蜂，其势汹汹，欲来相犯。目连戒勿行凶，且慰之曰：'汝等皆有佛性，他年我若成道，当来度汝等。'今此城人众，乃当日群蜂之后身也。因目连曾发一普度之念，故与有缘。种因于多劫之前，一旦机缘成熟，而收此不可思议之胜果。”

弘一法师的这段话中“三慧”，是指闻、思、修三慧，也可以说是“镜考”的延伸，即一个人在修炼自我或修习自我上要拥有三种不同智慧：“闻”，经常聆听他人的教导而生思；得到思，是要经过“思想”，即梳理思想的过程产生“修”；“修”，则指修习禅定的方法，也可泛指普通人修心的方法。

这“三慧”都是让自己尽快达到修行的最高境界，而“六通”又作“六神通”，即指拥有六种不可思议的超人能力，像“天眼通”（能看千里以外之物）、“天耳通”（能听见千里之外之声）、“神足通”（能疾行千里）、“他心通”（能知他人的想法）等等。这“六神通”客观讲，实际上也是需要他人的帮忙，自己的修习才能修炼而成。

人的能力非常有限，俗话说“独木不成林”，所以常镜考、常反省、常省察对提高自己大有益处。

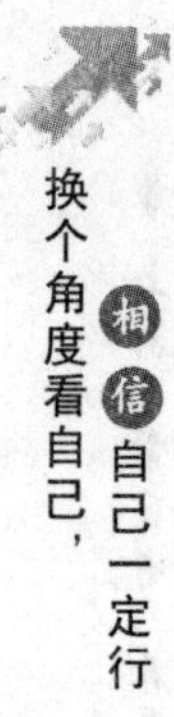

学人者智，自知者明

有这样一个故事：

1971 年，美国迪士尼乐园中的路径设计被评为世界最佳设计路线。但这一结果却是这样来的。

在迪士尼乐园即将对外开放之际，各景点之间的路该怎样连接实际上并没有具体方案。为此，乐园设计师格罗培斯心里十分着急。

一天，他开车在法国南部的乡间公路上奔驰，这里漫山遍野都是农民的葡萄园。当车拐入一个小山谷时，他发现那儿停着许多车。格罗培斯下车询问后走近一看，发现果园门口立有一块牌子：5 法郎摘一篮葡萄，原来这是一个无人看管的葡萄园，人们只要往路边的箱子里扔进 5 法郎就可以摘一篮子葡萄上路。

格罗培斯再一打听，原来这是一位老太太的葡萄园，她因无力料理而想出这个办法。谁知道这么一来，在这绵延上百里的葡萄园区，人们去她家的葡萄园最多，老太太收入最好。这种给人自由、任其选择的做法，使设计师格罗培斯深受启发。

回到美国后，格罗培斯给施工部下了命令：在迪士尼乐园撒上草种，提前开放。在提前开放的半年时间里，迪士尼乐园绿油油的草地被踩出许多条小道。第二年，格罗培斯就让工程人员按这些踩出的道路痕迹铺设了人行道。更让人意想不到的是，这“新发现”居然获了设计大奖。

这个故事说明，有时候，人在不知道下一步如何走时，又急于想改变现状，会贸然行动，这种贸然行动实际上是盲目的，结果可能不会太理想，自己内心也难于保持一种平和的心态，烦躁的心会随时产生更加焦躁、焦虑、焦急的情绪，人也就处于不安之中。因此，当选择处于两难时，走出难题中，也许受其他事情影响，会找到不错的选择之路。

学人者智，自知者明，是选择时最好的心态。众人的力量是大的，众人的智慧是多的。

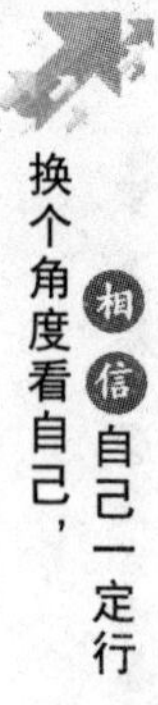

百尺竿头才能更进一步

唐代有个故事：和尚景岑佛学知识渊博，被人称为“招贤大师”。一天，他应邀去一座佛寺讲经，在座的和尚们听得聚精会神。讲完后，招贤大师与在座的一个和尚开始一问一答地讨论关于佛教的最高境界——十方世界的内容。

招贤大师离寺前，很感慨，表扬那个和他谈论问题的和尚说道：“好学之人啊。百丈的竹竿不算高，尚需更进一步，十方世界才是真正的高峰。”

这就是“百尺竿头，更进一步”这个成语的由来。

和尚景岑本是一代宗师，但他并不排斥比他学问低的人，而且还认为那个敢于和他讨论的人是好学之人，体现了“虚心”的境界。

“虚心向他人学习”，这是一句耳熟能详的话语，但人真正要做到“虚心向他人学习”却不是一件容易之事。一般人都觉得自己了不起，都觉得别人要“虚心”向自己学习，别人应“虚心”听取自己的意见，久而久之，自己不仅虚心不起来，甚至自认为“天下第一”，无人能及；还有些人看不起别人，听不进批评意见，有点成绩就止步不前，或认为成就已经加身，于是愈加膨胀，变成牛气冲天的骄傲之人，变成不可一世的狂妄之人。

其实，“尺有所短，寸有所长”，他人有他人的优点，自己有自己的弱项，多学习他人的长处，多听听他人的建议，不轻视他人、不鄙视他人，久而久之，就会悟到谦虚、谨慎对自己修养提高的益处。

但如果认为自己的才能已经到了“百尺竿头”那样的地步不再前进，那就容易滑下竿来，所以即使已经“爬到”“竿头”，人仍不能放松，不能自满，仍需继续努力，不断攀登高峰。

大千世界，奥妙无穷，而人能力有限，因此不可以故步自封，停止不前。人只有活到老，学到老，不断学习才能提高、进步。

安能生“智”，定能生“慧”

在世界著名小说《飘》中，作者描绘了女主人公斯佳丽的一个典型思考习惯，每当她遇到什么烦恼或者无法解决的问题时，她就对自己说：“我现在不要想它，明天再想好了，明天就是新的一天了。”

实际上，这种“明天再想”，即是一种给心灵松绑的方式，也是一种将事情“放一放”，让思想“有意识”地冷静下来，放一放再想、再选择的过程。

人在情绪低落时、心情郁闷时、内心压力大时，选择一种适合自己的情绪调节方法，如访友、旅行、跳舞、就餐、运动、唱歌、独处等，都会给心灵松绑，都会让自己的情绪暂时离开负能量，而等心情平静后，再做“有意识”的认真思考选择，这种做法，容易使人走上理智的道路。

“人在理智时”的思考是一种好的习惯，它首先是摒弃了感情层面的情感，进入理智中的理性思考；其次因为是在“放一放”后思考，能克服人在急躁、烦闷以及喜怒哀乐中产生的各种不良情绪或极端情绪，这在一定意义上是一种理性思考的方式。

理性思考是一种辩证的思维方式，并不等同于冷静思维，虽然冷静思维是理性思考的前提。理性思考是指人们的感性认识上升到理性认识过程中的一种理性分析研究活动，它是人们认识事物、做出正确决策所必然经历的艰苦而又复杂的脑力劳动过程。

有这样一个故事：威利·卡瑞尔有一天到一家玻璃公司去安装瓦斯清洁机。这是一种清洁瓦斯的新机器。在安装的时候，卡瑞尔遇到了以前许多没有料到的困难。后来经过一番努力，机器勉强可以使用了，但是却远远没有达到公司承诺的质量。卡瑞尔休息了一会，然后开始了拆、装，装、拆，最终，一遍一遍地，完美地将机器按要求安装好。

事后，卡瑞尔说：“一个人不管做什么事情都要做好，倘若遇到困难就要放弃，那最终什么都干不成。当然，人在遇到困难时，要克服畏惧情绪或浮躁心态，尤其要调整好自己的内心，不能产生怕麻烦、不愿干的心态，而应保持理性，头脑冷静，全神贯注，让自己的大脑处于最佳的“紧张”状态，这样才能得到最理想的结果。我曾中间休息了一会，目的是让自己放松下来，思考一下，然后再去安装。”

虽然很多人不是天生的发明家，但是，每个人都具有无限的创造力以及超水平发挥的潜能。而专心是创造的基础，专注是发挥潜能的最好助推剂。人要“心有定力”，要有一种不达目的不罢休的执着，要有排除干扰、战胜自我、远离浮躁的坚强信心。

人若心浮气躁，静不下心来，总为环境所左右，就不可能集中自己的精力与智慧，也就不可能将思想专注于要做的事情上，更不可能在做事情中发挥创造力，甚至发挥不出自己潜在的优势，自然，最后干什么都只能是虎头蛇尾，难有善终。

佛家讲求修心，即面对任何事情时都要能保持一颗淡泊而专注的心，这就是所谓的“安”和“定”，佛家认为“安”和“定”能生“智”生“慧”。今天，我们可以把这句话中的“安”和“定”理解为给心灵松绑，生智生慧的前提条件。

多付出多奉献

南怀瑾讲过这样一件事：

一次，他接到一封渴求指点的朋友写来的信，信中说：“我永远记得，我新婚的嫂嫂和哥哥在我生日的那天一同外出旅行，而没有对我说一句祝贺生日的话。我恨他们。”

南怀瑾看后，回信写道：仇恨只会造成二度伤害，其实多理解他人并不是给别人一条生路，而是给自己一条生路；因此，放下仇怨，是释放自己不能自拔的心。

生活中，我们不能避免被指责、被伤害以及其他对我们不利的种种事，但我们不能因此就在心灵中埋下怨恨的种子，因为，这样只能让自己的心灵和精神毒蔓丛生，思想被愁烦、痛苦填满。而正确对待生活中出现的诸种不公平，例如被伤害，被指责等，不仅十分重要，而且会让自己的心处于平和之态，利于自己解决好问题。

一个人要经常把宽容和理解、爱心和热诚注进自己的心灵，这样，当爱、宽容、理解越来越多地充满内心时，种种的不满和仇恨就不会常驻心间了。

下面这个故事很多人都听过：

有一次，安东尼·罗宾乘飞机时坐在一个大学生旁边。那个大学生确实很有才华，可是在和罗宾的交谈中，他每句话都带着个“我”字，并且得意之至。

最后，罗宾实在忍不住了。他说：“你知道在这五百英里的空中旅行中，你讲了多少次‘我’吗？为什么不谈谈‘我们’呢？”

和这个人形成鲜明对比的是罗宾在芝加哥机场遇到的另一个人。

当时，大雪漫天，罗宾和很多人被困在机场已有两天了。有的人不停地叫：“我要离开这里！我要回家！”然而，就在这群人中间有一位妇女，她没有怨言，更没有指责，她挨个走到带孩子的母亲面前说："来，把孩子交给我吧！我要搞个幼儿园，给孩子讲些有趣的故事，您也可以借这个机会喝口水、上趟厕所或是买些东西吃。"

这位妇女的行为给罗宾留下了深刻的印象。罗宾被这位妇女无私的付出和奉献感动了。

奉献是无私的，是不求回报的，而且出发点单纯、无任何杂质。付出也应是无私的，但很多人在付出时会有"想得"的心理。实际上付出和奉献在很多时候是相通的，都不应带任何功利目的。因为它们的出发点都是帮助他人，惠及他人。就像上文中罗宾在芝加哥机场遇到的那位无私奉献的妇女。

生活是个奇妙的东西，它带给人快乐的同时，也会带给人无尽的烦恼。人不能只站在自己的角度看待生活中的苦与乐，摆正心态，正确看待不快乐、困难之事，就不会再烦恼或生气了。当然，若你能带给他人快乐、帮助，你的快乐就会成倍增加。

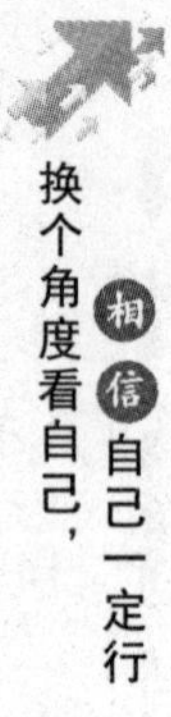

自信改变心态

有一个流传许久的故事。

一个法国人，42岁时仍一事无成，他认为自己前半生简直倒霉透了：离婚、破产、失业……他不知道自己的生存价值和人生的意义在哪里。他对自己非常不满，因此性格变得古怪、易怒，同时又十分敏感、脆弱。

有一天，他在巴黎街头看到一个吉普赛人算命，便随意去试了试。谁知，吉普赛人看过他的手相之后，却说："您很了不起，您将是一个伟人！"

"什么？"他大吃一惊，"我将是伟人？你不是在开玩笑吧！"

吉普赛人平静地说："您知道您是谁吗？"

"我是谁？"他暗想，"我是个倒霉鬼、穷光蛋，是个被生活抛弃的人!”但他仍然故作镇静地问："我是谁?"

“您的祖上是将军！您其实拥有将军的勇气和智慧，而且难道您没有发觉，您的长相也很像将军吗?”

“不会吧……”他迟疑地说，“我遭遇了离婚、破产、失业，我现在是一个无家可归的人！我也没有什么祖产。”

“嗨，那是您的过去。”吉普赛人说，“您的未来可不得了！如果您不相信我的话，就不用给钱了。不过，我还是要告诉您，5 年后您会是一个成功的人，因为您身上流着将军的血!”

这个人不相信地离开了，但他心里却有了一个新想法——我为什么成不了成功之人呢?他开始对名人产生了浓厚的兴趣，他想方设法寻找名人的书籍来看。

渐渐地，他发现自己的心态发生了改变，他不再自卑、抱怨，而是乐观向上、充满自信。他找到了一个工作，他开始珍惜这份工作，同时，他发现周围的环境也开始改变，他和朋友、同事、老板都和睦相处，亲人、同事、朋友也开始愿意帮助他，他的一切都开始“顺利”起来了。

后来，他又交了个女朋友，再后来他们结婚，过得美满。他开始领悟到，他过去的不幸都是由自身消极自卑的心态造成的，人只要转变心态，幸运和成功就会到来。13 年以后，也就是在他 55 岁的时候，他成了亿万富翁，成了法国赫赫有名的成功人士。

所以，自信对一个人来说十分重要，人自信就会积极起来，反之，人就会消极，做事畏手畏脚。

日本三洋电机的创始人井植岁男也讲过一个真实的故事：

一天，他家的园艺师傅对他说："社长先生，我看您的事业越做越大，而我却一事无成，一生都做着同样的工作，我太没出息了，请您教我一点儿创业的秘诀吧。"

井植点点头说："行！我看你比较适合园艺工作。这样吧，在我工厂旁有 2 万坪空地，我们来合作种树苗吧。1 棵树苗多少钱呢？"

"40 日元。"园艺师傅说。

"那 100 万日元的树苗成本与肥料费用由我支付，此后 3 年，你负责除草施肥工作。3 年后，我们可以收入 600 多万日元的利润，到时候我们一人一半。”井植说。

“哇，我可不敢做那么大的生意！”园艺师傅拒绝说。最后，他还是在井植家中栽种树苗，按月拿工资，而井植另请了一个人，按计划实行，3年后，那个人发了财，而园艺师傅白白失去了致富良机。

人们常常会用“有胆量”三个字来形容敢想敢干、敢作敢当的精神状态。有胆量含有自信意味，人若无胆量，就没有自信，就不敢冒险，也就做不成事。

成大事眼光要长远

孙正义的故事很多，而他成大事眼光长远的故事给人以启发。

孙正义，软件银行董事长。他在 1995 年第一次接触网络产业的时候，就立即决定在此方面做巨大的投资。经过一番调查之后，他选中了还在起步阶段的雅虎公司。他给雅虎公司的第一笔投资就是 200 万美元。不久，他和雅虎公司的创办人杨致远一起吃饭，表示要再投资给雅虎公司一亿美元，以换取雅虎公司 33%的股份。

杨致远听了孙正义的提议后，认为他的胆子太大了，因为当时的雅虎公司只有五名员工，公司的发展方向都还没有确定，连杨致远自己都不知道雅虎公司的未来如何。

但是孙正义就是相信自己的眼光和判断，在 1996 年 3 月，他真的投给雅虎公司一亿美元。1998 年，软件银行以 4 亿 1000 万美元脱手雅虎公司 2%的股票，净赚 3 亿 9000 万美元。

1999 年，软件银行投入阿里巴巴 2000 万美元，之后为帮助阿里巴巴收购雅虎，主动退股，套现了 3.5 亿美元。

古人说，成大事要眼光长远，心胸开阔，孙正义就是这样的一个人。心理学家认为，成大事者或临危受命者均有敢作敢当的品质，这是因为其内心有强大的自信心做支撑。他们在承担责任的锻炼中，在努力工作的过程中，自信心日益强大，他们心态阳光，看事物目光独特，所以，敢于打破思维定式，最终获得成功。

王国维说：自古至今成大事者，必经三境界。第一境界：昨夜西风凋碧树，独上西楼，望尽天涯路。第二境界：衣带渐宽终不悔，为伊消得人憔悴。第三境界：众里寻他千百度，蓦然回首，那人却在灯火阑珊处。意思是说：人在第一境界，有对人生的迷茫，孤独而不知前路几何。人到了第二境界，有了目标，在前进过程中，虽辛苦但无怨无悔。而人到了第三境界，量变成为质变，目标不经意已追逐到了。

孙正义可说是完美诠释这第三境界的投资高手。

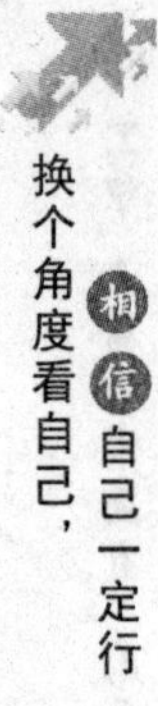

坚持是意志力的表现

松下幸之助在日本被称为“经营之神”，而他高超的经营技巧，从他年轻时候发家的故事就能看出一二。

在电灯公司工作时，年轻的松下幸之助发明了一种新型的灯头插座，可是却遭到了上司的否定。松下幸之助辞了职，下决心自己打出一片新的天下。

当时他手头只有不到100元的积蓄，且单枪匹马，松下幸之助向原来共事的朋友借了点钱，又招来了自己的内弟井植岁男，拉了几个想做一番事业的年轻人，在自己狭小的住处开了个小作坊，开始了实践自己梦想的旅程。

松下幸之助虽然设计出了灯头插座，但却没有实际制造过。一开始，他连灯头外壳的原料是什么都不清楚。经过多方请教，好不容易才弄清了灯头的制作方法，用了4个月时间，总算制造出了产品。然而没有周转资金，于是他把能当的东西都送进了当铺。此后，松下幸之助开始拿上自己的灯头插座到各个电器店去推销，他费尽口舌，走遍了大阪的店铺，却只卖出去100多个，收入20元。小作坊的其他人开始纷纷另谋出路，只剩下他和井植岁男两人。

松下幸之助坚持着，一天，他接到了一笔制作电风扇底座的订单，而且商家承诺，只要做得好，还会后续订货。松下幸之助和井植岁男两人开始没日没夜地赶做电风扇底座。一个月后，他们完成了首笔订单，赚了80多元利润。

就这样，小作坊的生意开始有了起色，“经营之神”的道路开始展开。正是松下幸之助坚持的信念，使他成为青史留名的成功者之一。

坚持，是意志力的完美体现。坚持是一个过程，一个持续的过程，也是成功的代名词。坚持，看似简单，做起来并不容易，犹如

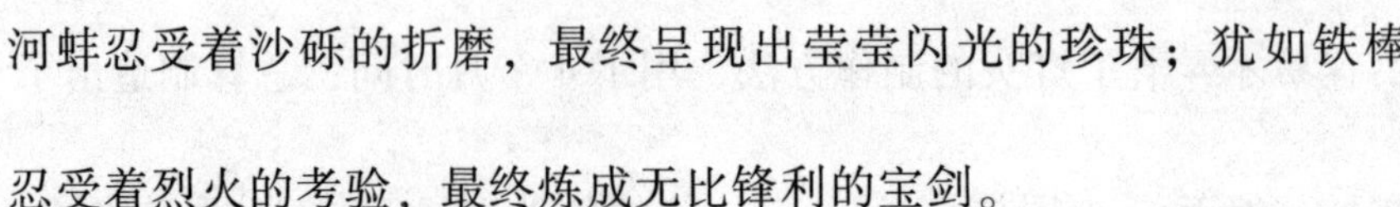

河蚌忍受着沙砾的折磨，最终呈现出莹莹闪光的珍珠；犹如铁棒忍受着烈火的考验，最终炼成无比锋利的宝剑。

古语说：骐骥一跃，不能十步，驽马十驾，功在不舍。人要学会“坚持”，因为有恒心、有毅力，才能见成果。

创新让人生有高度

这是一个有启发意义的故事。

弗兰克·伍尔沃思生在农民之家，21 岁时，他来到纽约，在一家织物店找了一份工作。但当有顾客走到他身边问他话时，生性腼腆的弗兰克却不善言语，十分羞赧，老板常说："弗兰克，你是我见过的最没用的店员。你卖出去的东西还不如我每星期花六美元雇用的小孩子卖得多，经商看来不适合你。"

不过，老板还是想把他变成一个精明灵活的生意人。一天，老板说："弗兰克，看见这些东西了吗？比如这把铅笔刀和这块橡皮擦，看见了吗？今天你得把这几样东西一起给我卖出去。"

卖出去？弗兰克左思右想，最后他想了一个"最笨"的办法，他开始给这几样商品贴上标明他预计售价的小纸片，"一律五美

分”。商品价签就这样诞生了。

出人意料的是，顾客们因为明码标价使他们省却了和店员讨价还价的口舌之争，数小时后那几样商品竟然销售一空。打烊的时候，老板惊叫了起来。

老板马上进了一批小百货，并标上价，很快，这些标价五美分的小商品又一次被卖空了，于是，老板借给弗兰克 300 美元让他去开一家 5 美分小店。弗兰克在宾夕法尼亚州的兰开斯特市找到地方，开了一间小店，很快就有了赢利。

可观的利润让弗兰克的经商愿望一发不可收拾。他考虑，要使商店更上一层楼，只有一种方法，就是开两家店，于是他另开了一家“五美分”的小店，让哥哥来做助手。

1886 年，弗兰克已经拥有一个由 7 家“五美分商店”组成的销售网络。到 1895 年，“五美分商店”的数目已经达到 28 家，五年之后攀升至 59 家。1919 年，5 美分“小百货王国”已经在全美国乃至加拿大、英国拥有了 1000 多家商店。弗兰克本人的财富也达到了 600 万美元。

1913 年，是弗兰克·伍尔沃思最为世人瞩目的一年——他给繁华的纽约街市树立了第一个“摩天地标”。4 月 24 日，当时的美国总统威尔逊为伍尔沃思大厦剪彩，弗兰克按下了电钮，位于百老汇的伍尔沃思大厦内外所有灯光同时点亮。

弗兰克为修建这座大厦斥资 1400 万美元，大厦拥有 238 米的高度，成为当时“世界第一楼”。直至今天，它仍是纽约的标志性建筑之一。

到弗兰克 · 伍尔沃思 1919 年去世时，他已经拥有 1050 家“五美分商店”，总资产达 6500 万美元。而这对于从农场出来的弗兰克来说，一笔笔用美分积累起来的财富简直可以和古代巨富克罗伊斯相媲美。

弗兰克遇上了一个好老板，好伯乐，让他最终挖掘出自己的潜力，创新出一个前所未有的销售方法。

创新思维是指思维活动的创造意识和创新精神，创新思维让人不墨守成规，敢于追求奇异、求变，表现为创造性地提出问题和创造性地解决问题。

创新让人离成功更近，离财富更近。

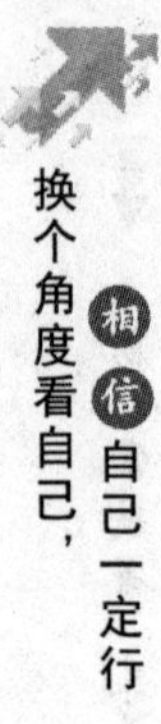

笑对人生苦与乐

这个寓言故事讲述了人应笑对人生苦与乐。

一群“痛苦的人”聚集在一起，喋喋不休地抱怨，期待上天能赐予他们解除痛苦的法宝。

村子里一个岁数很大的老人走了过来，微笑着说：“说完了吧，各位，大家围坐在一起，敞开心扉，把自己遇到过最刻骨铭心的不幸说出来，心中就应该没有什么痛苦了，大家应该说些高兴的事了，让快乐充满内心。”

人们看着老人，都觉得老人之言不可信。然而，当其中一些人按照他的提议去做后，却惊讶地发现，通过倾听述说高兴的事，痛苦真的不算什么，而听他人讲自己的故事，自己的痛苦经历似乎只是其中很渺小的一点罢了。于是，人们都放下心结，微笑着散了。

如果一个人把挡在眼前的一片树叶视为整个世界的终点，它就会在人的心理暗示下变得无限地大，最后遮人眼幕；倘若人只把树叶当树叶，小小的树叶就不会遮人眼幕，眼前也会变得豁然开朗。

对于大多数人来说，适时地向朋友、家人、同事倾诉内心的困惑和苦恼，都是正常的，也是合适的。但如果你反复不停地在他人面前抱怨唠叨、喋喋不休，想向别人展现出一个受害者、痛苦者的形象，那么，无论你的经历多么值得同情，他人也会因为你的不理智态度而生厌。

面对别人遇到的困难和痛苦，刚开始的时候，一般人都会表示相当的同情和理解，并给予劝解和安慰；有些人甚至还会主动提供援助和支持。然而，如果这个人自己不去积极地改善境况，只是继续强化自己是受害者、痛苦者的形象，那么他的消沉就会在内心生根，最终彻底摧毁自己的士气。人若少了积极心态作为动力，做事自然就容易失败。所以，消极地对待痛苦，痛苦就会对

人产生更大的负面影响。

华人首富李嘉诚，12 岁随父亲来到香港，但他 14 岁就失去了父亲，从此走上赚钱养家之路。李嘉诚一生奋斗的经历，面对过无数次险恶的境况及别人的刁难，但他却无数次从残酷的变化中“逃生”出来。这些“逃生”实际上是他的“内心”摆脱负面能量，让内心始终充满向上奋斗的正面能量的过程。他自始至终，面对困难、问题没有抱怨过，没有退缩过，他不断调整自己的心态，用更为广阔的胸襟接受生活给予的一切考验。

一个人比别人多了一些成功的机会，也肯定会比别人多一些失败的机会；同理，如果一个人比别人多了一些幸福的体会，也肯定会比别人多一些痛苦的体会！

还有一个小笑话，说有一个老太太，晴天也忧，雨天也忧。因为她有两个女儿，大女儿卖雨伞，二女儿卖冰棍。晴天怕大女儿赚不到钱，雨天又怕二女儿赚不到钱。

村里一位智者听说后，过来开导她说：“您老人家大可不必天天忧心。晴天的时候，您可以为二女儿高兴，因为冰棍一定好卖；

雨天的时候，你可以为大女儿高兴，因为雨伞一定会卖得快。这样一来，你就变天天忧为天天乐了。”

老太太一想有道理，怎么自己从前就没想到呢？

忧和喜是事物给人带来的两种心情，人在生活中、事业中，不可能一帆风顺，遇难处遇困境属于正常现象，只要不钻牛角尖，善于从事物两面或多个角度去思考问题，就能想通许多事，喜时就可做到静以待之，忧时可做到应对自如不烦恼。

所以人要对事经常进行多角度思考，这样得出的结论会不一样，比较后就可选到一个利于自己行动的方法。

不怕失败，做命运的主人

人一件事情上的失败绝不意味着整个人生都是失败的，要记住，失败只是暂时的受挫，而从失败中奋勇起来，保持积极的心态，你将离成功更近一些。

亨利曾写过这样的诗句："我是命运的主人，我主宰自己的心灵。"

是的，只有自己才是自己命运的主人，人只有不怕失败，勇于挑战，才能有自己美好的未来，这是一条生活的真理。

也许有些人会问："老天生来就待我不公，我生下来就有生理缺陷，那我该怎么办呢？"如果你属于这类"不幸者"之列，那就想想海伦·凯勒的人生经历吧！

还有谁能比一个又聋、又哑、又瞎的女孩更为不幸的呢？可她最终靠自己努力成为了美国著名的作家。全球知名的作家。当然你可能觉得海伦·凯勒属于特殊人，世上仅有，那么你也可以看看下面这个广泛流传的平凡人物的故事。

有一个名叫丹普赛的孩子，他生下来就是一位畸形人，四肢不全，只有半边右足和一只右臂的残端。但他希望自己能跟别的孩子一样从事运动。

他喜欢踢足球。他的父母亲就给他做了一只木制的假足，以便使他能穿上特制的足球鞋。丹普赛一小时接着一小时，一天接着一天地用他的木脚练习踢足球，努力在离球门愈来愈远的地方将球踢进去。最终，他成功了，并且极负盛名，以致新奥尔良的圣哲队雇他为球员。

在一次比赛中，当丹普赛用他的跛腿在最后两秒钟内，在离球门 63 码的地方破网时，球迷的欢呼声响遍了全美国。这是职业足球队当时踢进去的最远的球。这次圣哲队以 19 比 17 的比分战胜了底特律雄狮队。

底特律雄狮队的教练施密特说："我们是被一个奇迹打败的。"

是的，对许多人来说，丹普赛就是一个奇迹。这个奇迹是对害怕失败，不敢自己做自己命运主人的人的回答。

丹普赛的故事对我们有什么意义呢？

(1) 只有那些能够产生强烈愿望以达到崇高目标的人，才能走向成功。

(2) 只有那些以积极的心态，不怕失败，敢于挑战，不断努力的人，才能取得并保持成功。

(3) 在人类的任何活动中，要成为一个成功者，就必须不断实践、实践、再实践。

(4) 当人确立了目标后，努力和行动就会变成动力，这个动力推动着人不断向前、向前。

(5) 对那些被积极的心态所激励，想成为成功者的人来说，任何困难、任何逆境，都会同时产生一粒等量或更大利益成功的种子。

人的一生，就像一趟旅行，沿途中有数不尽的坎坷泥泞，但也有看不完的春花秋月。如果人的一颗心总是被灰暗的风尘所覆盖，干涸了心泉、黯淡了目光、失去了生机、丧失了斗志，那他的人生轨迹岂能美好？但如果人能保持一颗健康向上的心，即使身处逆境、“四面楚歌”，也一定会有“山重水复疑无路，柳暗花明又一村”的那一天。

就现实的情形而言，悲观失望者一时的呻吟与哀号，虽然能得到短暂的同情与怜悯，但最终的结果是别人的鄙夷与厌烦；而乐观上进的人，经过长久的忍耐与奋争，努力与开拓，最终赢得的将不仅仅是鲜花与掌声，还有众人饱含敬意的目光。

虽然，每个人的人生际遇不尽相同，但命运对每一个人都是公平的。因为窗外有土也有星，就看你能不能磨砺一颗坚强的心，修炼出一双智慧的眼，透过岁月的风尘寻觅到辉煌灿烂的星星。我们先不要说生活怎样对待你，而是应该问一问自己的心，你怎样对待生活。

你是否有过这样的经历：下定决心去做一件能让自己的生活发生重大变化的事，但却未能坚持到底。你不能坚持的原因是否是下面几种：

第一种，害怕产生负面的结果。

很多人开始做事时信心满满，但做着做着，因为害怕产生负面作用停止了。

南茜曾先后三次被列为同一个职位的提拔对象，但每一次都因为她害怕提拔，而使她的老板最后不得不重新考虑此事。南茜的确想得到提拔，但如果真的如愿以偿，她挣的钱将超过她的丈夫，她担心这会令她丈夫产生危机感，进而感觉她不那么可爱了，所以，她在被提拔时常表现不能胜任此岗位的意思。

第二种，害怕最终会失败。

许多人一开始干得好好的，可最终却害怕失败，于是事情进行不下去了。这种心态导致了很多人的失败。

吉尔很想去秘书处工作，但是内心深处又担心，要是真得到了这份工作之后，恐怕她难以胜任。因此，她总是有意断送掉去秘书处工作的机会。

第三种，担心不自由、被束缚。

很多人担心事一干起来，自己不自由，受束缚，于是不能坚持下去。

杰夫喜欢从事与计算机相关的工作，并且十分在行。他的老板打算调他到计算机部门去，但每当老板要拍板时，杰夫准会犯个“大错”。这个“错”是他“成心”犯的，他担心如果老板真的把他调到那个部门后，他不喜欢计算机了，那样，他将永远被困在那个部门。

上面几种不能让人坚持做事的“问题”都是人们常遇到的，如果你有类似的情形发生，一定要采取必要的措施克服，下列的办法或许对你有所帮助。

(1)弄清忧虑所在。

找出你真正担心的东西是什么。上面例子之一所说，吉尔并不担心去秘书处工作，她所担心的是一旦得到那份工作之后她可能面临的失败。但如果不去试试，你又怎能知道自己能不能干。

(2)消除恐惧。

上面例子之一中的南茜担心如果自己挣钱比丈夫多，会令丈夫产生危机感。其实，对于南茜而言，解决问题的唯一办法就是与丈夫开诚布公地谈谈这件事。

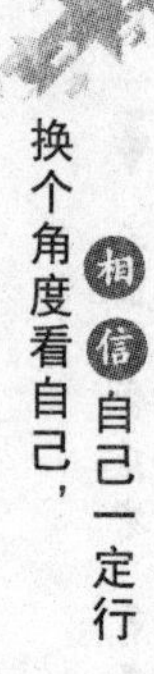

(3)预测最坏的结局。

问一下自己，“最坏的结果会是什么？”对上面例子之一的杰夫来说，他担心调入计算机部门后他不愿意再待了怎么办？最坏的结果回到自己原来的岗位或者另找一份新工作不就行了。

“失败”心理会给人带来破坏性的影响，但它实际上可以转化成为有益的事情。所以，不要怕失败，能不能做自己命运的主人，不是说说而已，是要做出来的。

莎莉在一家小批发公司工作。当公司的办公室经理一职空缺时，老板找她就这个职位交换了意见。本来莎莉在工作的各方面都很出色，但她因为害怕失败不敢接受此职位，而和老板谈完，她意识到这个职位胜任的应是一个敢负责、能决断的人，哪怕有偶尔的决策失误，莎莉最终接受了这个职位，她觉得应该挑战自己。

所有的人都会有失败的时候，重要的是犯了错误后，及时改正并且想办法弥补就可以了。

千万不要被失败所困，找出失败的原因，并从中汲取教训，就是前进。而人如果不能摆脱失败的影响，将裹足不前。

把“乐观”植入大脑中

杰出的企业家艾科卡在经营管理美国福特和克莱斯勒两大汽车公司的生涯中，创造了许多惊人的奇迹。比如，他用卓越的管理和大刀阔斧的改革，将克莱斯勒汽车公司从崩解的边缘挽救了回来，使之一举成为美国第三大汽车公司。艾科卡为何能取得如此杰出的成就？后来，他在回忆录里提到了父亲对他的影响。

艾科卡的父亲是一个典型的乐天派，无论遇到什么困难情况，都会保持“先别急，等一等”的冷静态度。在这种精神的影响下，艾科卡在面对重大决策时总能让自己保持清醒的头脑，并且告诫自己：此事看起来虽然困难，但是这种困难是会过去的。

今天的事情即使今天暂时不能解决，也不代表明天、后天永远不能解决。所以，总把焦虑情绪带进自己的生活中，除了会扰乱自己的思维，打击自己的自信，此外毫无益处！

事实证明，一个能在危难时刻保持乐观情绪的人，一定拥有自信成熟的心智。而乐观的情绪和良好心智一旦协调配合，就能激发起昂扬的斗志，让自己从乱麻般的困境中走出来，有条理、有策略地改善现状，最终克服困难。

英国著名的博物学家赫胥黎说："没有哪一个聪明人会否定痛苦与忧愁的锻炼价值。"是的，不管形势多么恶劣，每个人都要努力去寻找希望以及自己的优势，要坚信成功往往会在最后一分钟"来敲门"。

美国医学专家曾做过这样一个实验：他们让失眠患者服用一种用水和糖加上某种颜色配制而成的粉状"安慰剂"。这种安慰剂本身并不具有任何药效，但当患者听信了医生介绍的此药有"多么多么好的疗效"后，对该药持乐观态度，服用后，几乎 90% 的患者都认为自己病情大大减轻，甚至有人认为自己已经痊愈了。这项实验结果证明，乐观的态度会对人体发挥非常积极的暗示作用，能给人以战胜疾病的力量。

人的一生总免不了要遭遇困难和失败，我们应该正确认识自己，理智地接受生活出现的各种问题，不去预支明天的不幸，用乐观的情绪笑对一切，这样现在、未来的路上都会有阳光普照。

不抱怨，不愤怒，不沉沦

儿童魔幻故事《哈利·波特》所产生的巨大影响堪称世界传奇，不过《哈利·波特》的作者——英国女作家罗琳本人的经历，其实比小说更传奇，更令人津津乐道。

十多年前，当完全没有写作经验、每周靠70英镑救济金维持生计的单身母亲罗琳萌生创作的欲望，流连在爱丁堡咖啡馆，利用小纸片书写哈利·波特的故事时，她不仅要面对写作本身的困难，还要面对实际的家庭困境，以及如何让图书正式出版等一系列难题。但是，这个倔强得可爱、满脑子充满了幻想和乐观的女人，还是认真地投入到创作之中。

经过整整5年的辛苦写作，罗琳完成了第一部作品。为了实现出版的心愿，她开始投稿给各大出版社。然而，一年过去了，她连续收到12家出版社的拒绝信。

就在罗琳濒临绝望和痛苦的时候，英国布鲁斯伯瑞出版社给出首印500本、3000英镑稿酬的条件，这让她看到了一丝希望，她几乎是毫不迟疑地在出版合约上签字盖章。接着，她急切地等待着命运的考验。

谁也没有料到，这样一个看起来并不乐观的开始，竟然缔造出了当代文坛最大的神话和作家致富传奇。《哈利·波特》一经出版，便立即受到了世界瞩目，好评如潮。罗琳很快获得了英国国家图书奖、儿童小说奖、斯马蒂图书金奖等重要奖项，成为声名显赫的作家，让童话变成了现实。

可以想象，如果罗琳在生活的打击下消极退缩，放弃了自己的梦想，我们现在哪里还能看到这么精彩的魔法故事？当她在又冷又小的房间里思考魔法学校的教案时，谁又能说她不是在设计自己未来的人生道路呢？

罗琳不抱怨、不愤怒、不沉沦，她依靠自己的努力成就了一个奇迹。这像是魔法的胜利，但其实却是人心永不屈服的胜利！

如果人发现自己总是陷入无端的焦虑之中，对别人的成功充满了妒忌，或者幻想不劳而获、一夜暴富时，请及时唤醒自己的理智，将那些消极负面的想法摧毁，理性面对现实，让行动的勇气重新进入心房。

骄矜害人，谦恭受益

富兰克林是美国伟大的人物，他的故事很多。他在自己的回忆录中广泛记录了自己曾经发生过的事。

“我在年轻的时候，有好争辩的习惯。一次，一位教友会的老朋友把我叫到一旁，严厉地训斥了我一顿：“你真是无可救药。你已经打击了每一位和你意见不同的人，没有人敢再向你提意见了。你的朋友发现，如果你在场，他们会很不自在。他们会觉得你知道的太多了，没有人能再教你什么，也没有人打算告诉你些什么，因为那样会吃力不讨好，而且还会弄得很不愉快。因此，你就没有机会再吸收新知识了，但你的旧知识实际上又很有限。”

“我接受了那次批评。我领悟到自己的确是骄傲了。于是我下定决心准备改掉傲慢、粗野、不可一世的坏毛病。”

富兰克林说：“我给自己立下了一条规矩，绝不准自己太武断。我甚至不准自己用太肯定的语言表达自己的意见，比如‘当然’、‘无疑’等等，而改用‘我想’、‘我假设’、‘我想象一件事该这样’或‘目前看是如此’。这样当别人陈述一件事而我不以为然时，我绝不会立刻驳斥他或立即指出他的错误。我会在回答的时候，表示在某些条件和情况下，他的意见没有错，但在目前这件事上，似乎会稍有不同等等。我很快就体会到了这些“改变”带给我的好处：凡是我参与的谈话，气氛都融洽得多了。我以谦虚的态度来表达自己的意见，不但容易被人接受，还减少了一些冲突。当我发现自己有错时，我也不会遇到什么难堪的场面；而当我碰巧是对的时候，更能使对方不固执己见而赞同我。

“我最初采用这种方法时，确实感到这和我的本性相冲突，但久而久之就逐渐习惯了。也许50年来，没有人听我讲过什么太武断的话，这是我能在社会上具有相当影响力的重要原因。我虽不善辞令，更谈不上有雄辩口才，遣词用字有时还很迟疑，甚至会说错话，但一般说来，我的意见还是会得到人们广泛的支持。”

骄矜害人，谦恭受益，这是智慧的哲理。生活中，有些人自以为能力很强，很了不起，因此总是看不起别人。由于他们骄傲自大，往往听不进别人的意见，做事专横，同时也看不到别人的长处，这样做既会使自己的人际关系恶化，也会失去向他人学习从而进步的机会，可以说是有百害而无一利。

好品德是立身之本

古人云“道之以德”，“德者得也”。意思是，人要以美好的道德来规范自己的行为，因为只有有高尚道德的人，才能做事有底线。而一个人如果失去道德标准，即使智商再高，做事也会没有底线。

据史书记载，商纣王天生神力，异于常人，能够倒拽九牛、徒手与野兽搏斗。此外，他还天资聪颖，才思敏捷，能言善辩。

以纣王独有的天赋，本可治理好国家，成就惊天动地的伟业，与祖先商汤、盘庚、武丁等明主一起载入史册，扬名后世。但令人遗憾的是，他的聪明才智未能得到善用。

令后世记住纣王的是他一系列“失德”的行为：荒淫无度，宠信奸妃妲己，建造“酒池肉林”；凶残成性，创立炮烙、虿盆等多种残酷刑法；残害忠良，连自己的叔父比干也要“挖心”而后快……总之，纣王的所作所为真是人性泯灭、罄竹难书，因而在周武王起兵伐商后，早已恨透纣王的商朝平民和奴隶们纷纷阵前倒戈，归顺周朝。纣王见大势已去，便自焚身亡，商王朝也随之覆灭。

“天时”、“地利”、“人和”，治理天下的三大要素，商纣王本来都拥有，但由于他“德行不够”，因而落得众叛亲离、国破家亡的下场。可见，德行对于一个人的重要性。

隋炀帝杨广也是“有才无德”的典型例子。杨广是隋文帝杨坚的第二个儿子，年少好学，善诗文，著有文集55卷，文采惊人。开皇元年(公元585年)，年仅13岁的杨广被封为“晋王”，并担任并州的总管，负责拱卫京城。随后，杨广亲率军队统一国家，组织修建“畅通国脉”的京杭大运河，开拓丝绸之路，开创科举，修订法律，建立了一系列丰功伟业。

不可否认，杨广的确是才华出众。但有才华的杨广后来却缺少道德监控和自我约束，做出了大逆不道的弑父篡位之举。而成为皇帝后，他又沉迷于享乐之中，无心治国，最终走上了荒淫无道、自取灭亡的不归路。

所以说，具有高尚的道德是人的立身之本，是成功道路上不可缺少的基石。人只有拥有了较高的“德商”，才能为成功的人生道路奠定坚实的基础，这就是“先做人后做事”的道理。

人若没有高尚的道德，便没有高尚的品格，更不会有高尚的事业和命运。我国著名教育家陶行知先生说：“千学万学，学做真人。”所谓“真人”，首先是拥有良好德行之人。因为一个人是否有高尚的道德品质，关系到其能否走好人生道路的每一步。

在决定一个人是否能成才、能成功的种种因素中，智力因素往往只占一部分，更重要的是人格因素，而良好的品德是人格的重要组成部分。所以，人如果忽略了品德培养和健康人格的塑造，就容易出现智商很高、德行很差的现象，这些“失德”之人不仅不能为社会做出贡献，反而会造成社会危害；而真正有大成就的人，都是高尚道德与聪明智慧兼备的人。

勤奋是成功基石

中国近代史上的风云人物曾国藩建立了不朽的功业，但他并非我们想象中的“天才”。

传说在他取得功名之前，有一天，曾国藩在家读书，一篇文章重复地念了不知道多少遍，还是背不下来。这时候，一个小偷潜入他家，潜伏在屋檐下，打算等曾国藩睡觉之后再行窃。可是等啊等，曾国藩就是不睡觉，依旧翻来覆去地读那篇文章。小偷大怒，跳下房梁说：“像你这种水平还读什么书?”然后将那篇文章背诵一遍，扬长而去。

小偷看上去是“很聪明”，比曾国藩要“聪明”，但是他只能成为小偷，若行为不改，反而会对社会造成危害；而曾国藩好像“笨”，但经过勤奋苦读，最终却成就了自己在中国历史上的丰功

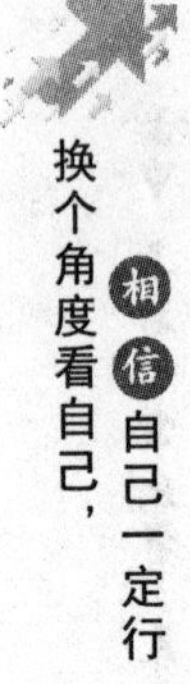

伟业。

伟大的成功和辛勤的劳动是成正比的，有一分劳动才能有一分收获，成功需要日积月累，持之以恒，而非一朝一夕之功。

李嘉诚先生说过这样一句话：“如果你想成为领袖，无论从事什么行业，都要比竞争对手领先一步。”是的，人跟人的竞争，往往只差一步。

举个最简单的例子，学校里考试排名次，如果第一名是98分，那么你只要得98.1分就能超过第一名。也就是说，你不一定要得99分或100分，只需要多0.1分就可以了。但要比对手多走一步、多做一些、多赢一点从而占据领先地位，却不是一件容易的事，需要比对手付出更多地努力。

一项调查显示，在阅读一本书时，普通人的阅读速度为每小时30~40页，而潜能得到充分激发的人却能达到每小时300页。由此可见，人要想取得成功，就必须尽全力激发自身潜能。

现实中，大部分人都会写字，但并非人人都能成为书法家；很多人学会了如何正确弹奏所有的音符，但与成为一个演奏家仍有着巨大的差别。所以，一个人要想有非凡的成就，就必须付出非凡的努力。

我们常常听到有人抱怨自己“才华被埋没了”，但他们并不是被“埋没”了，而是他们自己的潜能没有发掘出来。一个人要想取得成功，仅有天赋是不够的，还需要勤奋，努力，发挥潜能；需要抓住机遇，当机立断；需要明确目标，躬身实践，只有这样，才能激发出自己身上的“冲劲”，才能面对危机和挑战不畏惧，才能使自己距离成功更近。

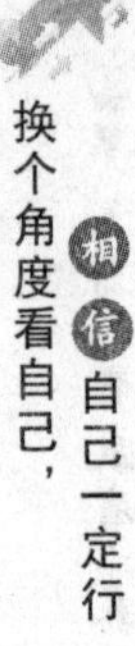

真理不能“讨价还价”

有这样一个流传很久的故事。

学生们向苏格拉底请教怎样才能坚持真理。

苏格拉底请学生们坐到各自的座位上，然后他拿出一个苹果，慢慢地从每个同学的座位旁边走过，一边走一边说：“请同学们集中精神，注意空气中的气味。”

然后，他回到讲台上，把苹果举起来左右晃了晃，问：“有哪位同学闻到苹果的味道了？”有一位学生站起来回答说：“我闻到了，是香味！”

苏格拉底又问：“还有哪位同学闻到了？”学生们你看看我，我看看你，都不作声。苏格拉底再次举起苹果，慢慢地从每一个学生旁边走过，边走边说：“请同学们务必集中精神，仔细嗅一嗅空气中的气味。”

苏格拉底走完一圈，回到讲台上后，又问：“大家闻到苹果的气味了吗？”这次，绝大多数学生都举起了手。然后，苏格拉底第三次走到学生中间，让每位学生再嗅一嗅苹果的气味。

回到讲台后，苏格拉底再次提问：“同学们，大家闻到苹果的味道了吗？”他的话音刚落，除一位学生外，其他学生全部举起了手。

那位没举手的学生左右看了看，也慌忙地举起了手。他的神态，引起了一阵笑声。苏格拉底也笑了：“请问大家闻到了什么味？”学生们异口同声地回答说：“香味！”

苏格拉底脸上的笑容不见了，他举起苹果缓缓地说：“非常遗憾，这其实是一个假苹果，什么味道也没有。”

著名的思想家爱默生说：“相信自己的思想，相信自己内心深处认为是正确的东西。”是的，坚持真理首先意味着要忠于自己、相信自己，有勇气坚持自己的判断。

人都有从众心理，在对外界事物做出判断时，尽管一开始都有自己的主张，可一旦周围持不同意见的人多了，甚至呈“一边倒”

的情况时，就会认为自己的选择是错误的，心理防线会瞬间崩溃，转而改变立场。

苏格拉底的这个故事，说明人性的一个弱点——迷信权威，盲目从众，不相信自己。这个结局导致人错失很多认识事物真相的机会，甚至会歪曲事物的真相，陷入错误的观念中。

心理学家认为，每个人所认同的真理是不同的，在你追求真理时，难免会听到不同的声音。但是，这时候如果放弃自己的观点，无视自己所看到的事实，毫无主见地听从于别人，就会放弃真理。人要想成为真理的朋友，一定要坚定自己的信念，即使受到阻挠和诽谤也不改变信念。

发现真理很难，但发现真理后坚持真理更难，尤其是在不被他人认同的情况下。当然，要否决谬误更是难上加难，尤其是在他人都相信那谬误是“真理”的时候。因此，我们不管面对多少困难，都应当坚信，真理高于一切。

与真理为友，敢于直面真相，不明哲保身，不盲目从众，是人难得的品质。

常怀“勤、敬”之心

道光二十二年(1842)二月十一日，曾国藩在日记中写到自己的不敬言行，并提醒自己改正：“友人纳姬，欲强之见，狎亵大不敬。在岱云处，言太谐戏。”

第二年，他写到自己在酒席中因为太过放肆而自取其辱的尴尬，反思道：“席间，因谑言太多，为人所辱，是自取也。人能充无受尔辱之实，无所往而不为义也，尚不知戒乎！”

从上述文字中，我们能看到曾国藩认识错误、改正错误、严于律己、勤于自省的高尚品质。

曾国藩除了对自身修养有较高要求外，还很重视在家庭中培养“勤、敬”的门风。他在咸丰四年(1854)七月二十一夜给弟弟们的信中写道：“家中兄弟子任，总宜以‘勤敬’二字为法，一家能勤能

敬，虽乱世亦有兴旺气象；一身能勤能敬，虽愚人亦有贤知风味。”他认为，家人之间只有互相敬重、互相敬爱，走上社会后才能养成尊重他人、敬重他人的习惯，才能处理好和别人的关系。而“勤、敬”之家也会赢得族人、邻里的敬重。

曾国藩不断督促弟弟们、子侄们认真践行“勤、敬”的原则，还对自己的儿子提出了明确的要求：“吾有志学为圣贤，少时欠居敬工夫，至今犹不免偶有戏言戏动。尔宜举止端庄，言不妄发，则入德之基也。”意思是告诫儿子：不但要举止端庄、说话谨慎，还要严格要求自己，自尊自重，这样别人才会尊敬你。

曾国藩认为，一个人在做事方面应该具备敬畏之心。咸丰八年(1858)九月，他在给自己的手下大将鲍超的信中谈到以敬做事的重要性：“足下数年以来，水陆数百战，国家酬奖之典，亦可谓至优极渥。指日荣晋提军，勋位并隆，务宜敬以持躬，恕以待人。敬则小心翼翼，事无巨细皆不敢忽；恕则凡事留余地以处人，功不独居，过不推诿。常常记此二字，则长履大任，福祚无量矣。”这段话意思是，一个人在与他人相处时应当宽宏大量，而对待工作时则应严谨认真、一丝不苟。

“有修养”绝不仅仅是社交场合中的礼仪，应是发自内心深处的对他人深切的理解、关爱、体谅与敬重，是最纯粹、最质朴也是最值得回报的一种修养。生活中，很多人因为一言不慎或者一个不恰当的行为引起他人的反感，这都是没有“敬人之心”引起的。而不尊重他人、常戏谑他人，他人自然也不会敬重你，最后的结果就是自取其辱。

在现代社会，“勤、敬”是一个人成功的必备要素。人只有把“勤、敬”放在心中，才能养成高尚品德。“勤、敬”并不仅仅是表面上的礼仪，应该是发自内心的一种对别人的尊重，包括对生命的尊重和对他人人格的尊重。

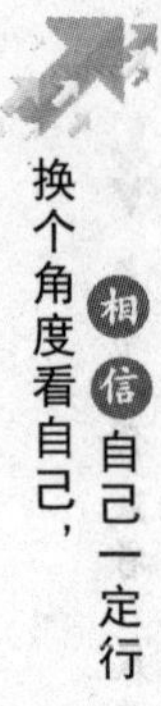

谨言慎语益处多

《朱子家训》有言：“居家戒争讼，讼则终凶；处世戒多言，言多必失。”意思是说：居家过日子，要尽量避免争斗，因为一旦发生争斗，无论胜败，结果都不好；处世不可多说话，因为话说多了难免有疏漏，会给自己带来负面的影响。

很多时候，人们话说得越多，错误和漏洞就会越多。比如，经常会有一些人，特别喜欢侃侃而谈，无论什么话题都要插上几句，好像生怕别人不知道他们“博古通今”似的。这样的人，自以为自己的“博学”会赢得别人的尊敬，其实，只要有点社会阅历的人，都会对此不以为然。

“多言”被曾国藩列为“三戒”之一。这是因为曾国藩年轻时也是个“多嘴多舌”的人，经常因为言语刻薄而得罪人。有几次，他在席上取笑别人，反倒被别人抓住语病一通讥讽，让他很是尴尬。还有一次上早朝时，他随口说了几句气话，没想到说者无心听者有意，引起了一些同僚们的猜忌，结果搞得大家都疏远他，让他很孤立，也很狼狈。经历过多次类似的情况后，他决心戒除自己“多言”的毛病。

曾国藩首先从“谨言”着手，加强修养。他说：“除谨言静坐，无下手处。”意思习惯一旦养成，想要戒掉没那么容易。

有一天，曾国藩和好友冯卓怀一同到陈源兖家为其母拜寿。席间，曾国藩和友人交谈甚欢，忘记了“谨言”的决心，又犯了“多言”的毛病。据他自己说：“席间一语，使人不能答，知其不能无怨。言之不慎，尤悔丛集，可不戒哉！”事后，他感到非常后悔，同时也对自己愤恨不已。他在日记中写道：“凡往日游戏随和之处，不能遽立崖岸，唯当往还渐稀，相见必敬，渐改征逐之习；平日辩论夸诞之人，不能遽变聋哑，唯当谈话渐低卑，开口必诚，力去狂妄之习。此二习痼弊于吾心已深。前日云，除谨言静坐，无下手处，今忘之耶？以后戒多言如戒吃烟。并求不弃我者，时时以此相责。”从这些文字中，我们可以看出曾国藩对自己“多言”之毛病的深切认识和改正“多言”坏习惯的坚定决心。

后来，曾国藩越发认识到慎言给自己带来的益处，从此，他不但自己慎言谨语，还告诫身边的人也要谨慎说话。谨言慎行是做人的立世之本，所以我们也要以这样的标准要求自己。

孔子有句话：“君子讷于言而敏于行。”“讷”，是指言语迟钝，结结巴巴，不善表达；“敏于行”则正好相反，“敏”是敏捷，反应迅速。这句话的意思是告诉人们，要谨慎地想问题、办事情，要善于把思想化为行动，切忌空想、说空话而不去行动。

俗话说“祸从口出”，成大事者在说话前都会深思熟虑，以免一言不慎而招惹是非；同时他们做事也不拖泥带水，很是雷厉风行，有极强的行动力。

天资高也不能取代勤奋

有这样一个故事：

有一个著名的雕塑家准备给一座新修的庙里雕刻一尊佛像。但是想要雕刻出好的佛像，必须找到一块质地上乘的石头才可以。雕塑家到处寻找，精挑细选后，发现了一块看起来质地良好的石头。但是，让人想不到的是，雕塑家的锉刀还没磨几下，这块质地良好的石头就大叫起来：“好痛，好痛，我这么美丽，你为什么要在我的身上乱刻？”

雕塑家几经劝慰都没有说服它，只好弃它找了一块质地稍差的石头，庙里住持把那块质地良好的石头放在庙门前的石子路中央。而质地较差的石头被雕塑成的佛像立在庙里时，由于雕刻家水平高超，佛像端庄大气，每天都接受顶礼膜拜。而那块质地良好的石头却非常郁闷，因为它被铺在了进庙的路上，每天被人行车马踩踏，苦不堪言。

某一天，那块质地良好的石头很不服气地对佛像质问道："为什么你质地那么差还被雕刻成佛像供人膜拜，而我质地这么好，却只能被铺在路上？"

佛像微笑着说："因为我在被雕刻的时候从不抱怨，努力配合雕刻师的每一项工作，所以我才能如此精美、端庄。而你吃不了苦、受不了罪，只能躺在路上，成为垫脚石。"

这个故事告诉我们，成功者和平庸者之间只有一线之隔。不去努力，再聪明的人也会变得愚钝；而再笨的人只要持续付出努力，终究能成就一番事业。有些人认为自己先天条件好，但如果不能经受考验，怕苦怕累，条件再好也没用。因为天才一定是勤奋者，但勤奋的人也许并非聪明绝顶，他们最终有所成就，是因为他们有毅力，有不屈不挠的精神，一直在积极向上、在奋斗着，所以他们最终能收获成功。

业精于勤荒于嬉。人天资高也不能取代勤奋。很多时候，人的成功是没有捷径可走的，只有一条路，那就是勤奋的路。当一切方法、一切捷径都无法使人成功时，不妨安下心来，低头实干。真正的聪明人不仅仅是天资高的人，他们接受能力强，知道勤奋的重要性，知道没有努力再聪明也无济于事。

明末清初的文学家李渔是浙江兰溪人，他少年即有神童之誉。崇祯八年，李渔去金华参加童子试，一举成为名噪一时的“五经童子”。

但是令人没想到的是，李渔在青年时科考接连失利，最终止步于秀才。后来明朝覆灭，入清后李渔无意仕进，也就不再参加科举考试，转而到杭州自谋生路。他创作小说、戏曲等，由于他的作品贴近生活，深受民众欢迎。李渔终其一生，都靠辛勤笔耕养家糊口，而他对生活的酸甜苦辣在其作品中也有真切的反映。

后来，李渔写出了《闲情偶寄》，这是我国最早的成系统的戏曲论著。李渔说他写这本书时非常勤奋。李渔虽然不是中国最优秀的作家，但他却是一个真正勤奋的人。林语堂曾高度评价李渔：“对生活的透彻理解，充分显示了中国人的基本精神。”周作人对李

渔也很钦佩，他说：“李笠翁当然是一个学者，他是了解生活的，不是那些朴学家所能够企及的。”

拥有上天给的聪明才智的人是幸运的，但一定要充分将才华发挥出来，还要勤奋努力，这样才能做成大事。

好心态决定人的好命运

心态能使人成功也能使人失败。成功是由那些抱有积极心态并付诸行动的人所取得的。同一件事抱有两种不同的心态，其结果则相反，心态决定人的命运。

为什么有的人就比其他的人事业成功？他们赚更多的钱，拥有不错的工作、良好的人际关系、健康的身体，整天快快乐乐，似乎他们生活无忧；反观，许多人忙忙碌碌地劳作却只能维持生计。其实，人与人之间并没有多大的区别。但为什么有些人能够获得成功，能够克服万难去建功立业，有些人却不行？

心理学专家研究发现，导致人成功与否的秘密就是人的“心态”。一位哲人说：“你的心态就是你真正的主人。”还有人说：“要么你去驾驭生命，要么是生命驾驭你。你的心态决定谁是坐骑，

谁是骑师。”

很多年前，某贫穷的乡村里，住了兄弟俩人。他们后来决定离开家乡，到外面去谋发展。大哥流落到了一个富庶的地方，而弟弟却流落到一个比较穷困的地方。但无论是哥哥还是弟弟，他们都奋发向上，40年后各自打拼出一片天地。

多年后，兄弟俩幸运地聚在一起。今日的他们，已今非昔比了。做哥哥的拥有了两间餐馆、两间洗衣店和一间杂货铺。

而弟弟呢？居然成了一位银行家，拥有一定数量的山林、橡胶园和银行。兄弟俩见面的第一句话就是“我的努力有了结果”。

这个故事说明：影响人生的绝不仅仅是环境，心态控制了人的行动和思想。同时，心态也决定了自己的事业和成就。

还有这样一个故事：

有两位年届70岁的老太太，一位认为到了这个年纪可算是活到了人生的尽头，于是便开始料理后事；另一位却认为一个人能做什么事不在于年龄的大小，而在于有什么样的想法。于是，她在70岁高龄之际开始学习登山，其中还登上几座是世界上有名的山；最终她以95岁的高龄登上了日本的富士山，打破了攀登此山年龄最高的纪录。她就是著名的胡达·克鲁斯老太太。

70岁开始学习登山，这真是一件闻所未闻之事。但奇迹让这个老太太创造出来了。看，一个人能否成功，心态好，心态积极很重要。因为心态积极，思维就积极，思维积极，接受挑战和应对麻烦事时自信心就强大，而自信心强大，人做事也就成功了一半。胡达·克鲁斯老太太的壮举验证了这一点。

成功人士与失败者之间的差别是：成功人士心态好，心态积极，始终用最积极的思考、最乐观的精神和最有效的行动支配和控制自己的人生；而失败者则相反，他们心态消极，不敢于行动，时时被困难引导和支配，最终畏首畏尾，什么事也做不了。

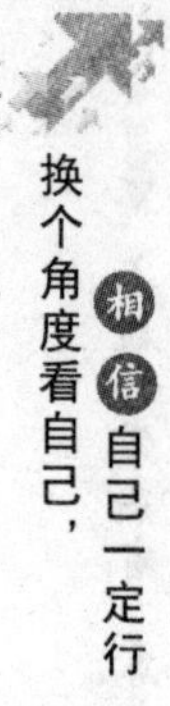

唤醒潜能创出奇迹

人的潜能是巨大的，因此，挖掘潜能，就能创出奇迹。永远不要消极地认定自己做事情是不可能做成功的。首先要认为自己“能”，要敢尝试，发掘潜能，最后你就会发现你确实“能”。

有这样一个故事。

汤姆·邓普西刚生下来的时候只有半只左脚和一只畸形的右手，但父母不让他因为自己有残疾而感到不安。他们要求他做健全孩子应该做的事。结果，他真做到了任何健全男孩所能做的事：比如童子军团行军 10 里，汤姆也同样可以走完 10 里。

后来，汤姆学踢橄榄球。他发现，自己能把球踢得比在一起玩的男孩子都远。他的父母请人为他专门设计了一只鞋子，并参加了踢球测验，结果得到了冲锋队的一份合约。

后来教练婉转地告诉他，说他“不具备做职业橄榄球员的条件”，请他去试试其他的活动。汤姆便申请加入新奥尔良圣徒球队，并且请求教练给他一次机会。教练虽然心存怀疑，但是看到这个男孩这么自信，对他有了好感，因此就收下了他。

两个星期之后，教练对他的好感加深了，因为他在一次友谊赛中踢出了55码远并且为本队挣了3分，这使他获得了专为圣徒队踢球的工作，而且在那一季中为他的球队挣得了99分。

他一生中最伟大的时刻到来了。那天，球场上坐了6.6万名球迷。球是在28码线上，比赛只剩下了几秒钟。这时球队把球推进到45码线上。“邓普西，进场踢球。”教练大声说。

当汤姆进场时、他知道他的队伍距离得分线有55码远，那是由巴第摩尔雄马队的毕特·瑞奇踢出来的。

球传接得很好，邓普西一脚全力踢在球身上，球笔直地前进，但是踢得够远吗？6.6万名球迷屏住气观看，球在球门横栏之上几英寸的地方越过，接着终端得分线上的裁判举起了双手，表示得了3分，汤姆队以19比17获胜。球迷狂呼乱叫，为踢得这个最远

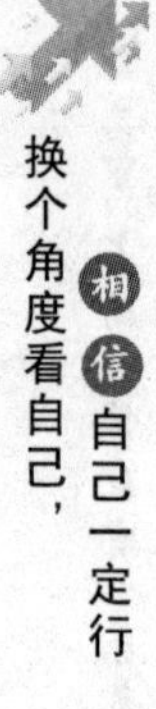

的一球而兴奋，因为这是只有半只脚和一只畸形手的球员踢出来的！

“真令人难以相信！”有人感叹道，但是邓普西只是微笑。他想起他的父母，他们一直告诉他的是他能做什么，而不是他不能做什么。

这个生动的故事告诉我们：人永远不要消极地认定什么事情是自己不可能做到的。当我们全力以赴时，不管结果如何，我们都是赢了。因为全力以赴所带来的结果，会使我们都成为赢家。

兰狄·马丁在1972年参加了第一届波士顿马拉松比赛。这次比赛全程超过26英里，而且是在起伏很大的山坡地进行。马丁博士后来说，每一位到达终点的人都有奖品。大部分赛跑者在参加比赛时，都不敢相信他们会赢，但是每一位跑完全程的人都认为自己是胜利者，因为做完一件事的真正“报酬”，就是把它做完做好。

跟自己竞争，这是最重要的。一位世界冠军说：“打败自己的只能是自己。”

潜能，是一种对外界刺激感应很敏锐的东西；当它一旦被唤醒，仍需要不断地培育和鼓励，诚如有音乐、艺术天赋的人必须注意培养和坚持一样。否则，潜能和才能，会像鲜花一样，容易枯萎或凋零。

假使人有潜能而不想去发掘它，潜能就会“睡大觉”，如同人有才华，但若不能保持一种锐利而坚定的状态，好天赋也将变得迟钝而失去能力。

有这样一个故事。

“戴维斯先生，我的孩子马歇尔在你店里有何长进?”

农夫约翰·费尔特一面焦急地望着正在招呼顾客的儿子马歇尔，一面向他的老板打探着儿子的近况。

“约翰，我们是老朋友了。我本来不愿意伤你的心，但是，你知道，我是个坦率的人，为了你孩子的前途，我不得不说老实话。”

“马歇尔是个好孩子，本性不坏；但是他个性过于诚朴，不够机智。即使让他留在我店里一千年，也学不会做一个真正的商人，他生来就没有一个商人的样子，你最好还是把他带回乡下去，教他去学着耕地吧！”

马歇尔被父亲带回了家。但他并没有在家乡待多久，他独自跑到芝加哥去闯天下了。

初到芝加哥，马歇尔到处去寻找适合自己的职业。在谋职的过程中，尽管有诸多的不顺，但他也并非一无所获。那些征聘伙计的老板，都这样告诫他：“我从前也是从干最苦的工作和拿最低微的工资一步步奋斗过来的。”正是有这些已出人头地的“神奇斗士”做榜样，马歇尔内在的潜能突然被唤醒了，从此，他心中燃起决心做一个大商人的希望之火。他一遍遍地反问自己：“他们都可以做出成功的事来，我为什么不能？”

经过多年的艰苦奋斗和长期不懈的努力，马歇尔·费尔特鲁终于成为了闻名世界的大商人。他非常感谢戴维斯先生当年对他的那种“轻视”所产生的“激励”。

诚然，马歇尔也许原本就有成为一个大商人的资质的。不过，戴维斯的“忠告”，的确唤醒了他内心的潜能，“打碎”了他仰人鼻息的酣梦，帮助他摆脱得过且过的环境，促使他到大都市去奋斗，从而取得了最终的成功。

很多人认为潜能是天生的，是无法被人们后天利用的。但是，大多数人的潜能，其实都是能被唤醒的，当然也有少部分人或是受某种“刺激”而突发的。

世间所有的人都具有非凡的潜在能力，但这种潜能在大部分时间里都处于酣睡蛰伏状态，因此，它一旦被唤醒，人就会做出许多不平凡的事情来。

中 篇

换角度，思问题

懂得选择，学会放弃

有个故事是这样讲的：

有个人非常羡慕一位成功人士取得的成就，于是他跑到成功人士那里询问这位成功人士取得成功的诀窍。

成功人士弄清楚了他的来意后，什么也没有说，转身拿来了一个大西瓜。这人迷惑不解地看着，只见成功人士把西瓜瞬间切成了大小不等的3块。

“如果每块西瓜代表一定程度的利益，你会如何选择呢?”成功人士一边说，一边把西瓜放在这人面前。

“当然选最大的那块!”那人毫不犹豫地回答，眼睛盯着最大的那块。

成功人士笑了笑，说：“那好，请用吧!”

成功人士把最大的那块西瓜递给那人，自己却吃起了最小的那

块。当这人还在享用最大的那一块的时候，成功人士已经吃完了最小的那一块。接着，又拿起剩下的一块，还故意在那人眼前晃了晃，接着大口吃了起来。

其实，那块最小的和最后的一块加起来要比那人手拿的最大的那一块大得多。

那人马上就明白了成功人士的意思：成功人士吃的两块瓜表面看个个都没自己的大，但吃进去的却比自己的多。所以，如果每块西瓜代表一定程度的利益，那么，成功人士赢得的利益自然比自己拿到的利益要多很多。

吃完西瓜，成功人士语重心长地对那人说道：“人要想成功就要学会放弃，人只有敢于舍弃眼前小的利益，才能获得长远大利，这是我的成功之道。”

选择和放弃既互相依托，又互相关联。人不懂选择，会失去机会，不会放弃，会局限自己。

古人说：知其力，用其势。即是说知道自己的力量，就往往能做到四两拨千斤，而以弱敌强、以寡击众则是很多成功人士的策略，这离不开选择、放弃的道理。

心理强大，行动才强大

在1984年日本东京国际马拉松邀请赛上，一位名不见经传的日本选手山田本一第一个冲过了终点线，获得了世界冠军。记者问他："您是靠怎样的锻炼才夺得今天的胜利的？"

他出人意料地说："我凭借智慧夺得的第一。"

当时，大家都觉得这个偶然跑了第一的矮个子选手所说的有些故作神秘。

众所周知，马拉松比赛比的就是体力和耐力。一个马拉松运动员，只有身体素质好，又有耐力，他才有可能获胜。爆发力和速度则在其次，因此说是用智慧取胜，许多人认为说法太玄。

然而，两年后的意大利国际马拉松邀请赛，山田本一又夺得了世界冠军。记者又问他取胜的经验，山田本一依然是那句话："我凭借智慧取胜。”

直至晚年，山田本一在其自传中写道：“每次比赛前，我都会乘车对比赛的线路进行一次仔细的勘察，并把沿途比较醒目的标志画下来，例如，第一个标志是银行，第二个标志是一棵大树，第三个标志是一座红房子……照这样的方法一直画到赛程的终点为止。而到赛场上，至比赛开始的枪声一响，我便以百米赛跑的速度奋力地向第一个目标冲去，等到达第一个目标后，我又以同样的速度向第二个目标冲去。四十多公里的赛程，就被我这样分解成几十个小目标轻松地跑完了。其实，刚开始练习时，我不懂得这样的道理，而是跟大家一样把目标锁定在了四十多公里外的终点线处的那面旗帜上，结果当我领跑到十几公里时就已经疲惫不堪了，原来我被前方那段望不到终点的路程给吓倒了。”

制订效能目标，落实行动责任，实是一种大智慧。山田本一的身体素质、耐力、体力和其他条件可能并不是运动员中最好的，但是，他的分解目标、落实到点的目标冲刺法，让他从心理上战胜了对手，赢得了胜利。他的心理强大，行动也变得强大。

只有经历风雨才见彩虹

有这样一个神话传说：

有一天，上帝说，如果哪个泥人能走过他指定的河流，他就会赐予这个泥人一颗永不消逝的金子般的心。

泥人怎么能过河呢，那岂不是自取灭亡？然而，有一个小泥人想试试。因为他实在不甘于一辈子只做个小泥人，他想拥有自己的天堂。

小泥人来到了指定河边，犹豫了片刻，双脚踏入了水中。一种撕心裂肺的痛楚顿时覆盖了他的全身，他感到自己的脚在飞快地溶化着，每一分每一秒都在远离自己的身体。回去吗？如果倒退上岸，他就是一个残缺的泥人；如果在水中迟疑，只会加快自己的毁灭。而上帝给他的承诺，则比死亡还要遥远。河很宽，仿佛

耗尽小泥人全身的力量也走不到尽头。

小泥人艰难地向前挪动着，鱼虾贪婪地吮食着他的身体，松软的泥沙使他每一瞬间都摇摇欲坠。有无数次，他都被波浪呛得几乎窒息。

小泥人真想躺下来休息一会儿。可他知道，一旦躺下来他就会睡过去，那样就连痛苦的机会都失去了。他只能忍受、忍受、再忍受。每当小泥人觉得自己就要死去的时候，他就会想到自己的目标，于是咬紧牙关坚持到下一刻。

就在小泥人快要绝望的时候，他突然发现自己居然上岸了，他如释重负、欣喜若狂！他惊奇地发现自己已经拥有了一颗金灿灿的心。

明亮的眼睛就长在金子的心上，回头再看这条河，小泥人终于明白了，如果自己害怕失去泥土做的身体，就永远不敢下水，就永远过不了河。如果不经历撕心裂肺的痛苦，就根本不能坚持渡河，就永远得不到金灿灿的心。

其实，与其说小泥人得到了一颗金子般的心，还不如说他脱胎换骨，因为只有经历了痛苦的磨炼，才会迎来一个“新我”。

我们每一个人都可以得到这样一颗金灿灿的心，关键是我们能不能放下自己的泥土之身，敢于去惊涛骇浪中“打磨自己”。

挑战对任何人都是一种考验，任何人只有在经历了风雨之后，才能看见彩虹。

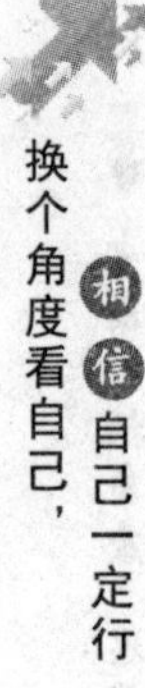

相信自己一定“行”

艾森豪威尔是美国最伟大的总统之一，他在年轻时，经常和家人一起玩纸牌游戏。一天晚饭后，他像往常一样和家人玩牌。这一次，他的运气特别不好，每次抓到的都是很差的牌。

开始时，他只是有些抱怨，后来，他实在是忍无可忍，便发起了“少爷脾气”。一旁的母亲看不下去了，严肃地说道：“既然要打牌，你就只能用你手中的牌打下去，不管牌是好是坏。要知道，好运气不可能永远光顾于你！”

艾森豪威尔听不进去，依然愤愤不平。母亲见他气呼呼的样子，就心平气和地告诉他：“其实，人生就和打牌一样，发牌的是上天，不管你手里的牌是好是坏，你都必须拿着，必须面对。你能做的，就是让浮躁的心情平静下来，然后认真对待，把自己的牌尽量打好，力争达到最好的效果。人生好像是打牌，对自己命运的掌握如同打牌！”

母亲的话犹如当头一棒，令艾森豪威尔在突然之间对人生有了直观的感悟。此后，他一直牢记母亲的话，并以此激励自己去努力进取、积极向上。就这样，他一步一个脚印地向前迈进，成为中校、盟军统帅，最终登上了美国总统之位。

没错，上天发牌是随机的，发到你手里的牌有好有坏，没有任何选择的余地和更换的可能性。当你拿到不好的牌时，请不要一味地抱怨，因为这对于你没有半点用处，现状也不会因为你的抱怨而有所改变。你能够做的，或者说应该做的，就是调整自己的心情，将自己手中并不算好甚至还有点糟糕的牌优化组合，力求把每张牌都打好。

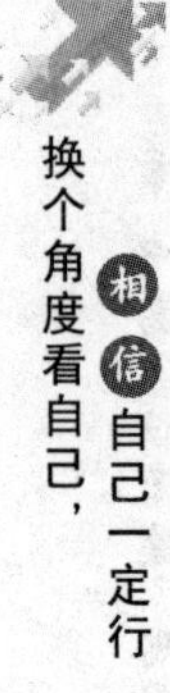

责任是立身之本

有这样一个神话：

从前有个国王叫狄奥尼西奥斯，他统治着西西里最富庶的城市西提库斯。他住在一座美丽的宫殿里，里面有无数价值连城的宝贝，一大群侍从恭候两旁，随时等候吩咐。

狄奥尼西奥斯拥有如此多的财富、如此大的权力，自然有很多人都羡慕他的好运。达摩克利斯就是其中之一，他可以说是狄奥尼西奥斯最好的朋友。达摩克利斯常对狄奥尼西奥斯说："你多幸运呀，你拥有人们想要的一切，你一定是世界上最幸福的人。"

而狄奥尼西奥斯却不这样认为，有一天，他问达摩克利斯："你真的认为我比其他人都幸福吗？"

"当然，"达摩克利斯回答道，"你看，你拥有巨大的财富，握有巨大的权力，但你却一点烦恼都没有。难道世上还有什么比这更幸福的吗？”

“或许你愿意跟我换换位置试试看吧。”狄奥尼西奥斯说。

“噢，我从没想过。”达摩克利斯说，“但是只要让我拥有你的财富和幸福，哪怕是一天，我也别无他求了。”

“好吧，我就跟你换一天，到时候你就知道我的烦恼了。”

就这样，达摩克利斯被领到了王宫。所有的仆人都被领到达摩克利斯面前，听他使唤。仆人们给达摩克利斯穿上皇袍，戴上金制的王冠。达摩克利斯坐在宴会厅的桌边，桌上摆满了美味佳肴，美酒、鲜花、昂贵的香水、动人的乐曲，一切应有尽有。他坐在松软的垫子上，感到自己成了世上最幸福的人。

“噢，这才是生活。”达摩克利斯对着坐在桌子那边的狄奥尼西奥斯感叹道，“我从来没有这么高兴过。”

达摩克利斯举起酒杯的时候，抬眼望了一下天花板。头上悬挂的是什么东西？尖端几乎要触到自己的头了！达摩克利斯的身体突然间僵住了，笑容也从唇边慢慢地消失，他的脸色变得煞白，

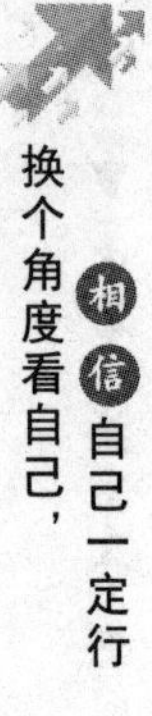

双手一直在颤抖。他不想再吃，也不想再喝，更不想听音乐了。他只想尽快地逃出王宫，越远越好，随便到哪都行。

原来，他头顶正中悬着一把利剑，这把剑仅用一根马鬃系着，锋利的剑尖正对准他的双眉之间。他想跳起来跑掉，可还是忍住了，他怕突然一动，会扯断细线，使剑掉落下来。他只好僵硬地坐在椅子上，一动不动。

“怎么啦，朋友？”狄奥尼西奥斯问，“你这会儿好像没胃口了？”

“那把剑！剑！”达摩克利斯小声说，“难道你没看见吗？”

“我当然看见了，”狄奥尼西奥斯说，“我天天都看得见，因为它一直悬在我的头上，说不定什么时候，什么人或事就会斩断那根细线。也许是哪个大臣垂涎我的权力，欲将我杀死；抑或有人散布谣言让百姓反对我；或者是邻国的国王会派兵来夺取我的王位；又或者是我的决策失误使我失去王位，等等。如果你想做统治者，就必须承担自己应尽的责任，因为责任与权力同在，这你应该是知道的。”

达摩克利斯说："我现在终于明白我错了。请你回到你的宝座上来吧，让我回到我自己的家。"

从此，在有生之年，达摩克利斯非常珍惜自己的生活。他再也不想与国王换位了，哪怕是短暂的一刻钟。

这虽然是一个很古老的故事，但是它却很好地提醒了我们：如果我们渴望享受成功的快乐，那就必须做好准备，承担随之而来的责任。因为责任是上天赋予人的使命，是人的权利，更是人的义务。

责任永远不能推卸，也永远推卸不掉。所有成功的人，都具有一个共同的品质——责任感。责任感可以说是一个人品格和能力的承载，是一个人走向成功必不可少的素养。聪明、才智、学识、机缘等固然是促成一个人成功的必要因素，但如果缺乏了责任感，这些因素也难以发挥作用，因此人仍是难以成功的。

寻找优势，创佳绩

肯德基的创始人桑德斯是这样开始他创业经历的。在他 39 岁时，曾到肯塔基州经营一家加油站，无意之中，他了解到来此加油的人有不少都想顺便吃点食物充饥，便萌生出开家餐厅的念头。

桑德斯在加油站外搭起了 6 张桌子，并潜心研制菜肴。他将 11 种香料添加到优质肉鸡中，采用特色烹调技术，用压力锅炸制，推出了一道鲜嫩酥滑的炸鸡，吸引了大批顾客。可是，尽管每天都顾客盈门，到了月底盘账，利润却微乎其微。桑德斯百思不得其解，就这样，过了 16 年，“炸鸡”声名远扬，可桑德斯的积蓄却少得可怜。

有一天，不幸之事降临了。餐厅周边土地被征作高速公路用地，顾客再也不能来用餐，桑德斯不得不折价变卖了所有的家当。

因为没有足够的资金另开餐厅，桑德斯只能靠领取救济金度日。这时，他想起曾经有人主动找上门来，请求他转让“炸鸡”的技术，并许诺以每卖出一只炸鸡支付5美分的费用作为回报。桑德斯想，为何不靠贩卖“炸鸡”技术来赚钱呢？困境之中的桑德斯带着压力锅和佐料桶，开始寻找合伙人，就这样他敲开了一家家饭店的大门。

两年之中，在被拒绝了1009次之后，桑德斯终于赢得了第一次授权合作的机会。此后，他坚持不懈地在各地游说，终于发展到400家餐厅愿意授权经营。随着“炸鸡”的影响越来越广，许多餐厅主动申请授权，桑德斯因此赚得盆钵满盈。他要求所有授权餐厅统一取名为“肯德基”，并统一装修和统一技术标准。

如今，肯德基已发展成为全球最大的“炸鸡连锁集团”。

晚年时，桑德斯回忆起年轻时忙碌却清贫的日子，不禁感叹：“要是我能早些正视自己不善于经营餐厅的事实，早点把技术转让出去，我的人生就能少走一段弯路。”

人需要将精力集中在优势领域，充分发挥自己的潜能。天生我材必有用。人的一生寻找优势，本身就是一个发现自己、认识自己的过程。

世上没有庸才，只有放错了岗位的人才。每个人都应当找到自己的优势，找到适合自己的岗位，创佳绩，从而最大限度地发挥自己的价值。

信任是交往的基础

战国时期，魏文侯派乐羊攻打中山国时，有人劝魏文侯说：“乐羊的儿子乐舒在中山国位居高官，怎么能让乐羊担任大将呢？”

魏文侯经过考虑后，决定还是派乐羊去。

乐羊到中山国后，驻兵三月未攻，因为当时中山国君屡次让乐舒去找乐羊，要他延缓进攻。

消息传到魏国，大臣怨声鼎沸，而魏文侯却对乐羊深信不疑。

乐羊不攻城，其实有他自己的道理：他要让中山国的百姓看到他们的国君是怎样的不讲信用。

后来，中山国国君为了胁迫乐羊，把他儿子煮成肉羹，派人送给乐羊。乐羊坐在军帐里端着肉羹吃了起来，吃完后，立刻下令攻城。

中山国国君这样的举动让国中百姓大失所望。乐舒并未背叛国君，还成功地让乐羊延缓攻城，让他有时间与大臣们商议对策。但中山国国君却杀了乐舒，还残忍地将他煮成肉羹送给他父亲。中山国的百姓得知自己的国君如此对待对国家有功的乐舒，全都义愤填膺。

由于中山国国君失去了百姓的信任，所以一战即败，魏军迅速占领了中山国。

乐羊凯旋时，魏文侯亲自出城迎接，还大摆宴席为他庆功。在宴席上，魏文侯赐给乐羊两箱礼物。乐羊回家打开箱子一看，发现箱子里全是大臣们弹劾他的奏章。

第二天，乐羊前去谢恩。

魏文侯说："我知道，只有你才能担当这一重任。"

这就是著名的"乐羊不攻城"的故事。信任的力量在这个故事中得到了充分的体现：中山国国君因不信任乐舒而亡国，魏文侯因信任乐羊而取胜。魏文侯如此信任乐羊，是因为他对乐羊有充分的了解。然而，在生活中，很多人信任那些自己并不了解的

“势利小人”，于是给自己带来无穷的祸害，就如同故事中可怜的乐舒。

信任是交往的基础，而了解是信任的前提。要信任那些忠诚的人，那些经过长期考验、值得依赖的人，不轻信“势利小人”，这样你才能在适当的时候得到适当的帮助，避免祸害，万事亨通。

靠人不如靠自己

有一天，一个农夫的一头驴子不小心掉进了一口枯井里。农夫绞尽脑汁想救出驴子，但几个小时过去了，驴子还在井里痛苦地哀嚎着。最后，这位农夫决定放弃驴子，他想这头驴子年纪大了，不值得大费周折去把它救出来，无论如何，这口井还是得填埋起来。

于是农夫便请来左邻右舍帮忙一起将井中的驴子埋了，以免除它的痛苦。农夫和邻居们人手一把铲子，开始将泥土铲进枯井中。

当这头驴子刚察觉到自己的处境时，哭得很凄惨。但出人意料的是，不久之后驴子就安静下来了。农夫好奇地探头往井底一看，眼前的景象令他大吃一惊：当铲进井里的泥土落在驴子的背部时，驴子的反应出奇的快——它将泥土抖落在一旁，然后站在泥土堆上面。

很快地，这只驴子便上升到井口，然后在众人惊讶的表情中快步地跑开了。

没有人能救得了那头驴子，只有它自己。当它放弃悲观与消极情绪，明白只能依靠自己来自我拯救的时候，才有可能在山穷水尽之际转变命运，绝境逢生。所以，在我们陷入各种危机时，不要总想着依靠别人拯救自己，要学会自己救自己。

诚然，人生在世，总要或多或少地依靠自身以外的各种帮助——父母的养育、师长的教诲、朋友的关爱、社会的鼓励……可以说，人从呱呱坠地的那一刻起，就已开始接受他人给予的种种帮助。然而，许多年轻人所理解的“在家靠父母，出门靠朋友”的“靠”，已经远远超出和大大脱离了一个人所需要的外部力量帮助，而演变成“一切依靠父母和朋友”的依赖心理，把自己立身于社会的希望完全寄托在他人身上，这样的人实际上是很难在社会上立足的。

信奉“在家靠父母”的人，往往是那些生活上不能自理而饭来张口、衣来伸手的人，或者是事业上不能自立而离不开父母的权

力、地位和金钱支撑的人。这样的人显然不可能在生活上自立自强，在事业上有所作为。

著名教育家陶行知在《自立歌》中这样写道："滴自己的汗，吃自己的饭。自己的事，自己干。靠天靠地靠祖上，不算是好汉。"

这些朴素的话语传达出一个深刻的道理：做人做事不能总是依赖别人，不能把一切希望都寄托在别人身上，要依靠自己解决问题，别人帮一时却帮不了一世，所以，靠人不如靠自己，最能依靠的人只能是你自己。

思进取，不松懈

有一个人经常坐火车出差，但常常买不到坐票。可是，无论每次旅途长短，无论车上人多挤，他总能找到座位。

他的办法其实很简单，就是耐心地一节车厢一节车厢地找过去。这个办法听上去似乎并不高明，但却很管用。事实上，每次他都做好了从第一节车厢走到最后一节车厢的准备，可是每次他都不必走到最后就会发现空位。

他说，这是因为像他这样锲而不舍找座位的乘客实在不多。经常是在他落座的车厢里仍剩余若干座位，而在其他车厢的过道和接头处，都人满为患。

他说，大多数乘客很轻易就被一两节车厢拥挤的表面现象迷惑了，尽管大多数人都知道在火车中途数十次停站之中，从火车十几个车门上上下下的流动中蕴藏着不少提供座位的机遇，但他们没有那一份寻找的耐心。而在车厢里、过道中，眼前一方小小的立足之地已经很容易让大多数人满足，而为了一两个座位背负着行囊挤来挤去，有些人会觉得不值。他们还担心万一找不到座位，回头连站的地方也没有了。

这种不找座位的人如同生活中一些安于现状、不思进取的人，他们只能永远停留在较低层次上的满足，当然，这些不愿主动找座位的人，大多只能在上车时最初的落脚之处一直站到下车。

有一句广告词这样写道："没有最好，只有更好。"其实，人追求更好、更完美，最重要的不是能否真正得到最完美的结果，而是永不满足、永远积极进取、不懈努力的态度，人只要拥有坚持不懈的态度，即使做得并不完美，也是优秀之人。

人不苛求完美，但不能放弃追求完美，因为追求完美才可以令你更接近完美！

人的一生是克服困难的一生

有这样一个故事：

一位女儿对父亲抱怨她的生活，说她已经厌倦竞争和奋斗，想过舒服安逸的生活。

听了女儿的话，父亲把女儿带进厨房，分别往三只烧开了水的锅里放了胡萝卜、鸡蛋以及咖啡粉。大约 20 分钟后，父亲把火关了，问女儿："亲爱的孩子，你看见什么了？"

女儿不理解父亲的意思，于是父亲解释道："这三样东西面临同样的境况——煮沸的开水，但其反应各不相同。胡萝卜入锅之前是强壮的，但经过煮之后，它变软了；鸡蛋原来是易碎的，但是经开水一煮，它的内脏变硬了；而咖啡粉很独特，它在进入沸水之后，反而将水改变了。女儿啊，你面对逆境的态度属于哪一种

呢？”他反问女儿。

听了父亲的话，女儿若有所悟，她开始想做咖啡粉。

外科医生阿费列德在解剖尸体时发现一个奇怪现象：有些人的一些患病器官并不像人们想象中的那样糟，反而比其他健康器官的机能还要强。后来他经过深入研究发现，这些器官是在与疾病的长期抗争中变得越来越强大。

阿费列德在给美术学院的学生治病时，又发现了一个奇怪现象：有些接受治疗的学生视力大不如其他专业的学生，有些人甚至是色盲。但这些缺陷并没有成为他们事业上的“拦路虎”，反而成为他们前行的动力。由此，阿费列德提出了著名的“跨栏定理”：你面前的跨栏越高，你跳得也就越高，即一个人的成就大小往往取决于他所遇到的困难。

很多成功人士事业上并非一帆风顺，他们经历过失败，但恰恰相反，他们正是因为在失败中不断吸取教训才走向成功的。美国的《成功》杂志每年都会评选当年最伟大的成功者，在这些成功者的传奇经历中有这样一个共同点，那就是他们在遇到困难时始终保持乐观的态度，从不轻言放弃。事实上，许多成功者正是在逆境和困难的磨炼中成长起来的。无数事实证明，越是优秀的人才，越能在身处逆境时激发活力、释放潜能。

生活中，许多人都不愿面对困难和逆境，他们在困难和逆境面前心情焦躁，寝食难安，甚至觉得暗无天日。实际上，人应该学会以平常心来对待逆境和困难。人的一生中，不可能永远一帆风顺。逆境和困难无时不在，无处不有。但人要成功，就要不断解决困难、摆脱逆境，同时也是在不断克服困难、走出逆境的过程中成长、壮大。人只有不断战胜困难、超越自我，才能体现出自己的人生价值。

一念之差可导致天壤之别

在推销员实战案例中，广泛流传着这样一个故事：两个欧洲人到非洲去推销皮鞋。由于炎热，非洲人向来都是打赤脚。第一个推销员看到非洲人都打赤脚，立刻失望起来："这些人都打赤脚，怎么会买鞋呢？"于是放弃努力，失败沮丧而回。

另一个推销员看到非洲人都打赤脚，惊喜万分："这些人都没有鞋穿，这里皮鞋市场大得很呢。"于是想方设法，引导非洲人购买皮鞋，最后成功而归。

这就是一念之差导致的天壤之别。同样是非洲市场，同样面对打赤脚的非洲人，由于一念之差，一个人灰心失望，不战而败；而另一个人满怀信心，大获全胜。

拿破仑·希尔曾讲过这样一个故事。

塞尔玛陪伴丈夫驻扎在一个沙漠的陆军基地里。她丈夫奉命到沙漠里去演习，她一个人留在陆军的小铁皮房子里，天气热得受不了——在仙人掌的阴影下也有 38 度。她没有人可谈天说地，只有墨西哥人和印第安人，而他们不会说英语。她非常难过，于是就写信给她父母，说要离开这里回家去。她父亲的回信只有两行，这两行字却永远留在她的心中，并且改变了她日后的生活：

两个人从牢中铁窗中望出去，

一个看到泥土，一个却看到了星星。

塞尔玛多次读这封信，后来领悟后觉得非常惭愧。她决定要在沙漠中寻找星星。

塞尔玛开始和当地人交朋友，当地人的反应让她非常惊奇。当塞尔玛对他们的纺织、陶器表示感兴趣，当地人就把自己最喜欢但舍不得卖给观光客人的纺织品和陶器送给了她。

后来，塞尔玛还研究那些引人入迷的仙人掌和各种沙漠植物，又学习有关土拨鼠的知识。

她观看沙漠日出日落，寻找海螺壳，这些海螺壳都是几万年前

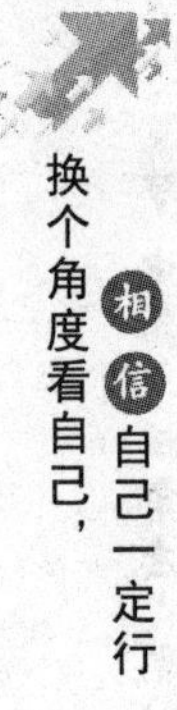

这片沙漠还是海洋时留下来的……慢慢地，她发现原来难以忍受的环境变成了令她兴奋、流连忘返的奇景。

是什么使这位女士内心有这么大的转变？

沙漠没有改变，印第安人也没有改变，但是这位女士的念头改变了，心态改变了。

一念之差，使这位女士把原先认为恶劣的情况变为一生中最有意义的冒险。她为发现新世界而兴奋不已，并为此写了一本书，以《快乐的城堡》为书名出版了。她从自己“建造的牢房里”看出去，终于看到了“星星”。

生活中，很多人遇到困难，只会挑选容易的倒退之路。他们用消极心态对自己说：“我不行了，我还是退缩吧。”结果陷入失败的深渊。而成功者遇到困难，仍然保持着积极的心态，用“我要！我能！”“一定有办法”等积极的意念鼓励自己，想尽办法，不断前进，直至成功。就如爱迪生实验失败几千次，但他不退缩，最终成功地创造了照亮世界的电灯。

有些人总喜欢说，他们现在的境况是由别人造成的，这种别人决定了他们的人生论调是错误的。纳粹德国某集中营有一位幸存者维克托·弗兰克尔，在他走出集中营后，他说："在任何特定的环境中，人们都还有一种最后的自由，那就是如何选择自己的态度。"

马尔比·D·马布科克说："最常见同时也是代价最高昂的一个错误，就是人认为成功有赖于某种天才，某种魔力，某些人们不具备的东西。"

事实上，成功靠自己。

学会自控不易犯错误

对任何一个人来说，不控制好自己的心态是很容易犯错误的，尤其是当变化来临之时，所以，当我们的人生遇到大的转折之时，我们就更应该控制好自己，以使自己不犯错误。

西方有一个古老的故事——一位住在海边的哲学家，一天突然产生了这样一个想法，他想横渡大海，去海的对岸看一看。由于他逻辑思维缜密，他经过冷静地思考，归纳出了这次航海的各种应当去和不应当去的理由，结果他发现他不应当去的理由比应当去的理由要多：他可能晕船；船很小，风暴可能会危及他的生命；海盗的快艇可能正在海上等待着捕获商船，如果他的船被他们捉住了，他们就会拿走他的东西，并把他当奴隶卖掉。想到这些，他决定不去做这次旅行。

然而后来，这位哲学家还是作了这次旅行。为什么呢？因为他的想法已变成了一种心态在左右着他的行为。心态不断地对他的想法说："朋友，这件事在推理上虽然有些令人生畏，但情况也许并不像你想象的那样坏。你没去怎么知道，在家也会有风险啊。"心态的力量牢牢地控制住了这位哲学家，以至于后来，如果不进行这次航海，他就会坐立不安，甚至可以说，会成为他人生的一大遗憾。

心态终于战胜了想法，哲学家扬帆起航了。由于他准备充分，他的旅行很顺利。

"诗仙"李白有两首诗，这两首诗都是写他乘船路过三峡的，一首是《上三峡》，另一首就是人们耳熟能详的《早发白帝城》。《上三峡》这样写道：

巫山夹青天，巴水流若兹。

巴水忽可尽，青天无到时。

三朝上黄牛，三暮行太迟。

三朝又三暮，不觉鬓成丝。

在李白的眼里，巫山险峻夹着青天。他认为旅途十分艰难，水路总也走不完，青天总也看不全。这船的速度太慢了，似乎根本就没有行走，他的两鬓都快变白了。

李白为什么会有这种感觉和认识呢？就是因为受其心态的影响。李白当时的心态是忧郁的，他处在悲观而凄凉的心情之中，因为此时他正被流放到夜郎。

而另一首《早发白帝城》却是这样写的：

朝辞白帝彩云间，千里江陵一日还。

两岸猿声啼不住，轻舟已过万重山。

在李白的眼里，从白帝城出发，顺江而下，路过三峡。他认为他是从彩云环绕的白帝城出来的，一千里的路程只需一天就能到达。巫山两岸的猿声还在耳边回响，轻舟就越过了万座山。

李白为什么会有这种感觉和认识呢？这也是因为受其心态的影响。李白写这首诗时，心态是乐观的，他处在欣喜和欢乐的心情之中，因为赦令传来，他不被流放了。

同样是乘船路过三峡，时间仅相隔数日，三峡的风景不会有太大的变化，为什么李白对三峡的印象和认识却迥然不同呢？也许有人会说，因为“上三峡”时李白看到了巫山的险峻，看到了行舟的缓慢，而“下三峡”时李白看到的是彩云，看到的是轻舟。

那问题来了，为什么李白“上三峡”时只看到了那些景象，而“下三峡”时又只看到了这些景象呢？有一句话说得十分深刻：“人们看到的永远是自己希望看见的东西。”当李白心态乐观时，他就会看见乐观的景色；当李白心态悲观时，他就会看见悲观的景色。这是心态对人的认识所起的作用。

《三国演义》里有这样一个故事——曹爽夺了司马懿的兵权之后，常常与天子一道带领御林军出城打猎。一天，曹爽和往常一样与天子一起在城外打猎，司马懿却乘机发动了政变，控制了都城。

形势发生了变化，这时应该怎样来审时度势呢？曹爽征求弟弟的建议，弟弟说：“司马懿狡诈无比，连孔明都斗不过他，我们兄弟更不是他的对手了，不如自己绑着自己前去请罪，这样就可以免于一死。”

这时，有人从城里逃了出来。曹爽问城里的情况，这人说："城里控制得似铁桶一般，司马懿带兵把守着洛浮桥，恐怕城是回不去了，应该早定大计。"

恰在此时，曹爽的得力谋士桓范骑马急急赶到，他对曹爽建议道："司马懿已发动了政变，将军为什么不请天子去许都，调外兵来讨伐司马懿呢？"

此时，如果曹爽调整心态，冷静地分析一下客观形势，就会不难看出当前情况的特点：一、司马懿发动政变主要是针对自己来的，他要夺回兵权；二、司马懿这个人狡诈无比、心狠手辣，他一定会斩草除根，置自己于死地。

如果曹爽能分析出这两个特点，就应该发现桓范所提出的建议是十分英明正确的，但遗憾的是曹爽没有能够把自己的心态调整到一个平和的状态，他因心里牵挂着自己的妻儿老小而不能理智地去分析客观局势，他的心处在一种沮丧惊慌之中。

当桓范进一步建议道："这里离许都不过半天的路程，许都城里的粮草足足可以坚守数年，现在将军的其他军队就驻扎在这附近，呼之即来，大司马的将印我也从城里带来了。您应该马上采取行动应对变化，否则就晚了。”桓范说完，曹爽的认识和判断仍被自己沮丧惊慌的心态所左右，他说：“大家不要催逼我，让我细细思考一番。”

一夜过去了，曹爽思考了一整夜。那么，他是怎样思考的呢？他这一夜，完完全全被自己糟糕的心态所控制，根本做不到冷静和客观面对现实。他做出了这样一个选择：“我不愿意起兵与司马懿对抗。我愿意弃官，只做一个富翁就足够了。”

这是一个审时度势之后的决定吗？不是，绝对不是。这只是曹爽心里的一个希望，他希望有这样一个美好的结果：既保全了身家性命，又保全了荣华富贵。然而，希望不能代替现实，心态也不能代替审时度势。后来，曹爽一族皆被司马懿所杀。

曹爽为什么会是这种命运呢？

有人说这是因为曹爽性格优柔寡断所致。其实，曹爽并没有优柔寡断，他还是做出了一个决定，而且是一个重大的决定，只是这个决定不是建立在审时度势的基础上，而是建立在自己的愿望

之上的。

有一句俗语：情人眼里出西施。为什么会这样呢？因为情人被心态左右了，他的认识水平和判断力完全向心态屈服了。由于情人爱意浓浓，所以，对其心爱之人也一往情深，此时，他看到的一切都是自己希望看到的。于是，即使对方再丑，在情人的眼里，她也像西施一样美丽动人。

人在做决策时，一定不能够“情人眼里出西施”，一定要调整好自己的心态，做到冷静客观、不急不躁。这样，才能认清客观形势，分析出情况的变化，从而做出准确的判断。人一旦心神不宁，纵使变化就在眼前也看不清楚。

有一位司机是个四川人，干活任劳任怨，为人也挺仗义，是一个不错的小伙子，但就是心急，浮躁，开起车来左窜右窜，非常快。当别人发现他的这一缺点，对他说“你的心太急，要多注意一点，否则要出事”时，他听不进去。果不其然，没过多久，他开车追尾了。追尾后，他仍不认为是自己的问题，怀疑刹车系统有问题。于是，他开车到修理厂将刹车系统彻底检查了一遍，结果是毫无问题。

其实，他追尾并不是车有问题，而是他心急的问题，毛躁的心态影响了他对车速和车距的判断。

一个月后，这个小伙子又一次追尾了，情况比上一次还要严重。很快，他被公司辞退了。

所以，学会心理自控对人来说是重要的，否则，就会犯错误，犯大错，甚至影响自己的前途发展。

学会正确剖析自己

法国科学家约翰·法伯曾做过一个著名的“毛毛虫实验”。法伯把若干个毛毛虫放在一只花盆的边缘，让它们首尾相接，围成一圈，并在花盆周围撒了一些毛毛虫喜欢吃的松针。这些毛毛虫开始一个跟着一个，绕着花盆，一圈又一圈地走。一个小时过去了，一天过去了，毛毛虫们还在不停地绕着花盆转。过了七天七夜，毛毛虫终因饥饿和筋疲力尽而死去。

这期间，任何一只毛毛虫只要稍稍转换一下“思路”，便能发现松针，但是，没有一只毛毛虫能做到这一点。

现实中，有些人又何尝不是如此，“随大流”，盲目“跟风”，没有自己的想法和行动，因此终其一生没有大的成就。而这些问题产生的根源，就在于不会正确剖析自己。

古罗马的一位哲人说：“有些人活着没有任何目标，就像河中一棵小草，他们不是行走，而是随波逐流。”

卡耐基曾对世界上一万个不同种族、年龄与性别的人进行过一次关于人生目标的调查。他发现，只有3%的人能够确定目标，并知道怎样把目标落实；而另外97%的人，要么根本没有目标，要么目标不确定，要么不知道怎样去实现目标……

10年之后，他又对上述对象进行了一次调查，结果是：属于原来那97%范围内的人，除了年龄增长10岁以外，在生活、工作、个人成就上几乎没有什么太大的起色，还是那么普通和平常；而那与众不同的3%的人，却在各自的领域里取得了成功。

“二战”期间，从奥斯维辛集中营活下来的人不到5%。据亲历者犹太裔心理学家弗兰克观察研究，幸存者几乎毫无例外，都是深刻理解生命意义、以积极心态对待人生的人。他们之所以能顽强地活下来，主要原因就是他们心里都有个明确的目标——“要做的事还没有做完”，“要活着与爱的人重逢”。

人只有明确自己明天的目标，才能知道今天活着的意义。人有

目标，生活才有前进的方向和动力，干什么才会都感到充实、快乐。人生在世，确立可行的目标是为自己负责的表现之一，也是体现价值的有意义行动。

学会正确剖析自己，是实现目标的途径之一。人只有对自己了解，才能有想法，才能在干事的过程中坚持想法，直至达成目标。而不会剖析自己的人，不知道自己“要”的“是什么”，只能跟着别人“走”，浑浑噩噩地过一生。

心怀目标，奋力前行

心理学家曾经做过这样一个实验：

将参与者分为三组，让他们分别向着十公里外的三个村子进发。

第一组的人既不知道村庄的名字，也不知道路程有多远，只知道跟着向导走就行了。刚走出两三公里，就开始有人叫苦；走到一半的时候，有些人几乎愤怒了，他们抱怨为什么要走这么远，何时才能走到头，有些人甚至坐在路边不愿再向前走了。因为越往前走，他们的情绪就越低落。

第二组的人知道村庄的名字和距离，但路边没有里程碑，他们只能凭经验来估计行程的时间和距离。走到一半的时候，大多数人都想知道已经走了多远。比较有经验的人说："大概走了一半的路程。”于是，大家又簇拥着继续向前走。当走到全程的 3/4 的时候，大家的情绪开始低落，觉得疲惫不堪，而路程似乎还有很长。当听到有人说“快到了”，大家又振作了起来，加快了行进的步伐。

第三组人不仅知道村子的名字和距离，而且公路旁每一公里就有一块里程碑。人们边走边看里程碑，每缩短一公里，大家便多一分信心和动力。行进中，他们用歌声和笑声来消除疲劳，情绪一直很高涨，所以，很快就到达了目的地。

根据上述实验，心理学家得出了这样的结论：当人们的行动有了明确目标时，他们能把自己的行动与目标不断地加以对照，从而清楚地知道自己与目标之间的距离。如此一来，人们行动的动机就会得到维持和加强，并能自觉地克服一切困难，努力达到目标。

心理学家认为人的一生要有目标，无论是大是小，而目标可以分为一辈子的目标，一个时期的目标，一个阶段的目标，一个年度的目标，一个月份的目标，一个星期的目标，一天的目标……

一个人追求的目标越崇高，他进步得就越快，对社会贡献也就越大。

如果将心理学家的结论用哲人的语言来表达，那就是："伟大的目标构成伟大的心灵，伟大的目标产生伟大的动力，伟大的目标成就伟大的人物。"当人们心中有了一幅未来的宏图并为之不断努力，就能取得非凡的成就。

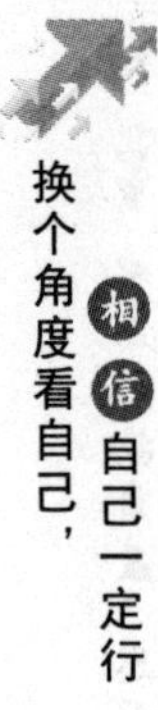

适当给自己“加压”

有两个人各在一片荒漠上栽了一片胡杨树苗。树苗成活后，其中一个人每隔 3 天就挑着水桶到荒漠中来，一棵一棵地给那些树苗浇水。不管是烈日炎炎还是飞沙走石，那人都会雷打不动地挑着一桶桶的水来浇他的树苗。有时刚刚下过雨，他也会来给他的树苗再浇一瓢水。一位老人说，沙漠里的水漏得快，别看浇水浇得这么频繁，其实树根没吸收到多少水，水都从厚厚的沙层中漏掉了。

而另一个人相比之下就悠闲多了。树苗刚栽下去的时候，他来浇过几次水，等到那些树苗成活后，他就来得很少了。即使来了，也不过是到他栽的那片幼林中看看，发现有被风吹倒的树苗就顺手扶一把，没事的时候，他就在那片树苗中背着手悠闲地走走，不浇一点儿水，也不培一把土。人们都说，这人栽下的树肯定成不了林。

过了两年，两片胡杨树苗都长得有茶杯粗了。忽然有一夜，狂风从大漠深处卷着沙尘飞来，飞沙走石，闪电雷鸣，滂沱大雨肆虐了一夜。第二天风停的时候，人们到那两片树林里一看，不禁十分惊讶。原来，辛勤浇水的那个人的树几乎全被刮倒了，许多树甚至被暴风雨连根拔了出来，林子里一片狼藉；而那个悠闲的人的林子，除了一些被风刮掉的树叶和一些被折断的树枝，几乎没有一棵树被风雨吹倒或吹歪。

大家都对此大惑不解，纷纷向这个悠闲的人请教："那个常给树施肥浇水的人的那片树林，一夜之间就被暴风雨彻底毁了；而你把这些树苗栽好栽活后，就对它们不理不睬了，但昨夜那么大的暴风雨，竟没有吹倒吹歪你的一棵树，难道其中有什么奥妙吗？"

这个人听了，微微一笑说："奥妙当然有了。他的树之所以会那么容易就被暴风雨毁了，正是因为他浇水浇得太勤、施肥施得太多了。"

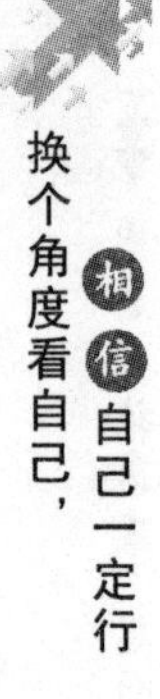

听了他的话，人们更迷惑不解了，难道辛勤为树施肥浇水是个错误吗？

这个人解释说："树和人是一样的，对它照顾得太好，让它一直处于顺境中，就助长了它的惰性。而经常给它浇水施肥，它的根就不会往泥土深处扎，只在地表浅处盘来盘去。根扎得那么浅，怎么能经得起风雨呢？而我把树苗栽活后，不去给他们浇水施肥，地表没有水和肥料供它们吸取，它们就不得不拼命向下扎根，恨不得把自己的根穿过沙土层，一直扎进地底下的泉源中去。它们有了深深的根，还担心被暴风雨刮倒吗？"

水不加压，只能往低处走；人不加压，也难以成材。因为人人都有与生俱来的惰性——懒散、拖延、得过且过，而"加压"对人十分重要，否则，人就会被惰性毁掉、埋没了。

人生如逆水行舟，不进则退，所以，要适当地给自己施压。人没有压力，就会放松对自己的约束或者习惯于迁就自己，甚至对应该做的事情迟迟下不了决心，最终什么事也做不成。当然，"施压"要适度，过度的压力会影响人的精神和身心健康，也是不可取的。

“活学活用”生活常识

有这样一个故事，常被人们看作是活学活用的典范。某化学实验室里，一位实验员正在向一个大玻璃水槽里注水，水流很急，不一会儿水槽就快满了。于是那位实验员去关水龙头，可万万没想到的是，水龙头坏了，怎么也关不住。再过半分钟，水就会溢出水槽，流到工作台上。

水如果接触到工作台上的仪器，便会立即引起爆裂，而仪器中正在起着化学反应的药品，遇到空气会立刻燃烧，几秒钟之内就能让整个实验室变成一片火海。实验员们面对这样的可怕情景，都惊恐万分，他们知道火势一旦烧起，谁也不可能从这个实验室里逃出去。

那位实验员一边去堵住水嘴，一边绝望地大声叫喊起来。这

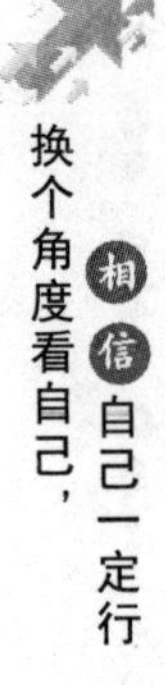

时，实验室里一片沉寂，死神正一步一步地向他们靠近。“啪”的一声，在一旁工作的一位女实验员将手中捣药用的瓷研杵猛地投进玻璃水槽里，将水槽底部砸开一个大洞，水倾泻而下，实验室立时转危为安。

在后来的表彰大会上，人们问她：“在那千钧一发之际，你是怎么想到这样做呢？”这位女实验员只是淡淡地一笑，说道：“我们上小学的时候都学过《司马光砸缸》这篇课文，我只不过是重复了课文里的做法。”

这个女实验员用一个最简单的办法避免了一场灾难。《司马光砸缸》这篇课文大家都学过，但要做到“活学活用”其中的道理以化解危机，却并非易事。

其实，“缸”可以看作是人们的惯性思维。很多时候，人们对机会视而不见，是因为被自己的传统思维束缚住了。所以，人打破惯性思维非常重要，只有打破了惯性思维人才能发挥出创造力，取得新的成果。

《孙子兵法》有云：“以正合，以奇胜。”所谓“奇招”绝对不是从常规的方法出来的，必须是创新的结果。人只有超出他人的想象和预测，打破惯性思维，做事才能有出奇制胜的效果。

总之，在变化速度不断加快的时代，人们不仅要关注和追赶变化的步伐，更要培养创新的意识和能力，使自己变得更快、更好、更强。因为，在现今这个时代，永远创新的企业才能走在市场前端，而创新的个人，会获得更多的创新机会，创新是成功的必经之路。

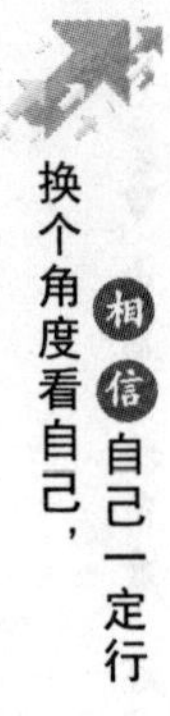

助人就是助己

美国有这样一个故事：

在一个又冷又黑的夜晚，一个老人的汽车在郊区的道路上抛锚了。这位老人等了半个多小时，好不容易有一辆车经过，开车的男子见此情况，二话没说便下车帮忙。

几分钟后，车修好了，老人问他要多少钱，那位男子回答说："不要钱，我这么做只是为了帮助你。"

但老人坚持要付些钱作为报酬，男子谢绝了她的好意，说："我感谢您的深情厚谊，但我想还有更多的人比我更需要钱，您不妨把钱给那些比我更需要的人。"最后，他们各自上路了。

老人继续向前开着，看见路边有一家咖啡馆，于是停车进去，一位身怀六甲的女招待员立刻为她送上了一杯热咖啡，并说："夫人，欢迎光临本店，请问您为什么这么晚还在赶路呢?”老人讲了刚才遇到的事，女招待员听后感慨道：“这样的好人真难得。”

老人问女招待员为什么工作到这么晚，女招待员说为了迎接孩子的出生而需要第二份工作的薪水。老人听后执意要女招待员收下200美元小费。女招待员惊呼不能收下这么一大笔小费，老人回答说：“你比我更需要钱。”

女招待员回到家，把这件事告诉了她的丈夫。她的丈夫大感诧异，说世界上竟有这么巧的事情。原来，她丈夫就是那个帮老人修车的好心人。

这个故事告诉我们一个道理：“种瓜得瓜，种豆得豆。”人们在“播种”美德的同时，也会种下自己的未来。所以，也许你现在所做的一切会在将来的某一天、某一个时间、某一个地点，以某一种方式回报给你。所以，人要多行善，日后才会得到他人的帮助。

这就是“报酬法则”，此外还有另外一种“超额报酬法则”：即如果你在付出时更多付出，你的回报一定会增大。因为当你的付

出多于你所应当付出的，你就一定会获得更多的回报。

播种就会有收获，而默默耕耘、辛勤付出的人绝不会吃亏。人只要付出，没有什么事情做不成，如同只要迈开腿，就没有什么地方到达不了。

循序渐进做事情

有个童话是这样讲的：

一只新组装好的小钟被放在两只旧钟当中。两只旧钟“滴答、滴答”地走着，其中一只旧钟对小钟说：“你也开始工作了，可是我有点担心，你走完一年3300万次后，恐怕会吃不消。”

“天啊，3300万次！”小钟吃惊不已，“我要做这么大的事？办不到，办不到！”它非常失望地说着。

另一只旧钟却说：“别听它说，不用害怕，你只要每秒钟‘滴答’一下就行了。”“啊，天下有这样简单的事？”小钟听后高兴地叫了起来，“这样就容易多了！好，我现在就开始。”小钟很轻松地开始每秒钟“滴答”摆一下，不知不觉中，一年过去了，它摆了3300万次。这则小故事，生动地体现出分解目标、循序渐进、达成目

标的重要性。

把大的目标分解成若干小目标，逐个将其实现，会体验实现目标过程中的快乐。用这样的方法，即使是跑遥远的马拉松，也可以跑得很轻松。因为人在一个大目标面前，会觉得根本无法实现它，常常会因为实现目标的遥远和过程的艰辛而感到气馁、怯场，甚至怀疑自己的能力。而面对一个小目标，人却能充满信心地完成。

然而有些急功近利的人，一开始就给自己定下个大目标，天长日久，当他们发现自己离目标仍然很遥远时，就会因为畏难而放弃。其实，人把一个大目标分成无数个小目标，只要实现一个个小目标，大目标也就离你不远了。

火箭是一个笨重而又庞大的物体，它飞向月球需要一定的速度和质量。科学家们经过精密的计算得出结论：火箭的自重至少要达到100万吨。如此笨重的庞然大物怎么能飞上天空呢？所以，在很长一段时间里，科学界都一致认为：火箭根本不可能被送上月球。但是，难道真的没有办法让火箭飞上月球吗？

就在这时，有人提出了“分级火箭”的构想，科学家们豁然开朗起来。他们将火箭分成若干级，逐渐将上一级送出大气层后便自行脱落以减轻重量，这样火箭的其他部分就能轻松地前往月球了。

如同“分级火箭”一样，学会把目标分解开来，化整为零，变成一个个容易实现的小目标，然后将其各个击破，不失为一个实现终极目标的有效方法。

俗话说：“不能一飞冲天，就循序渐进。”很多时候，人们之所以感到困难不可逾越、成功无法企及，正是因为觉得目标离自己太过遥远而产生畏难情绪。所以，换种思路解决问题，也许就能达成目的。当然，把目标分解之后，还要有锲而不舍的精神，这样才能一步步去实现每一个目标，最终实现终极目标，获得成功。

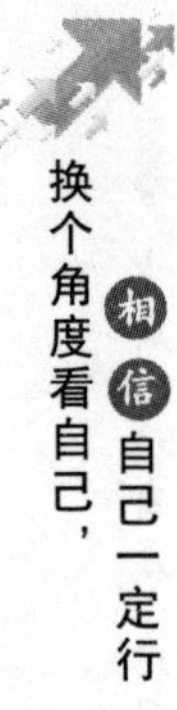

做自己命运的掌控者

父子二人赶驴去市集，途中听人说："看看那两个傻瓜——他们本可以舒舒服服地骑驴赶路，但是却在自己走路。"

于是，父亲让儿子骑驴，自己走路。不久，他们听到有人说："这儿子不孝，让父亲走路他骑驴。"

儿子感到羞愧，于是赶快下来让父亲骑上驴，自己牵着驴走，没想到又有人说："这老头身体不错呀，却让儿子在下面累着。"

最后，父子俩决定一起骑驴而行。谁知他们又遇见一群人，其中一个人说："看看那两个懒骨头，把那只可怜的驴都要压坏了，他们对待牲口太狠了。"父亲和儿子商量后，决定下来抬着驴前行。

临近黄昏时，父子抬驴走到镇上附近的一座桥，累得气喘吁吁。原来，他们绑着驴的四蹄，将驴倒挂在扁担上抬着走！可是，就在过桥时，一路挣扎愤怒的驴子终于挣脱束缚，坠落河中淹死了。

这则流传甚广的寓言，告诉人们一个道理：人必须有主见，学会自己掌握自己的命运，不能被外界的议论所左右。

其实，他人的批评、否定、攻击，并不代表你的自我受到了否定与质疑，因为唯一能否定你的人，只有你自己。那种容易受别人的批评、否定、质疑等影响的人，正是丧失了自我的人。

有人的地方就会有是非，就会有不同意见和批评。因此，如果你想生活得快乐，就不要太在意别人的想法。因为太在意别人想法的人，不仅不能使自己快乐，也容易失去自己的个性，更没有办法发挥自己的潜能。人应当有这样的信念：自己的人生自己掌控。

在19世纪，有一位女性成功地走进了法国科学院大门，成为第一位女性科学家，成为数学研究史上第一位女教授，她就是俄国著名女数学家苏菲娅·柯瓦列夫斯卡娅。

那是在19世纪80年代，法国科学院发起一个有奖征文活动，题目是：刚体绕固定点旋转。征文条件如下：应征论文的作者除提供论文外，还要附上格言。在众多应征论文中，其中一篇附有“说你知道的话，干你该干的事，做你想做的人”的格言的论文，经过专家评议，最终被一致认为是科学价值最高的论文。而这篇论文就出自当时38岁的著名女数学家苏菲娅·柯瓦列夫斯卡娅之手。而柯瓦列夫斯卡娅最终实现了自己的人生格言——做掌控自己命运的人。

生命对每个人而言只有一次，生命只属于我们自己，一味遵循他人的思想与意见、不敢面对自我的行为是懦弱的表现，这样的人生也是悲哀的。所以，人应该走自己的路，让自己成为主宰自己人生的人。

打败你的只会是你自己

美国职业拳击运动员穆罕默德·阿里，享有“拳王”的美誉。20 世纪 80 年代初，他告别了拳坛。不幸的是，一年后，40 岁的阿里被确诊患帕金森症，并出现了一定程度的语言上和行动上的障碍。但是阿里并没有因此放弃自己，他凭借永不屈服的精神自己站了起来。他甚至当上了联合国和平大使，经常拖着病体前往战乱地区，呼吁和平。

是什么精神一直在支撑着阿里，让他在赛场上取得了无数的胜利，而后来又能战胜可怕的病魔？

阿里认为，一直支撑他战胜困难的精神是这样一句话：“我绝不允许自己失败，即使失败也要从中站起来。”这句话是他的人生信条。在阿里参加的无数次的拳击比赛中这个信条一直支撑着他，让他认为自己始终是最强大的。其实，这个信条，在他 12 岁的时候就已经形成。在阿里的“自述”中有这样一段话：

“少年时期的我是个自信的人，那时，我每天走在街上，都挺着胸，和别人说话也是底气十足，在进行拳击攻防练习时也是那样。

“有一次，我去摔跤场观看戈尔热·乔治的表演。他当时是为人追捧的摔跤手，他更多时间是在摔跤场上进行表演而不是真正进行摔跤比赛。这次，他着盛装出场，不断地拿观众打趣。‘不要弄乱我漂亮的头发，我很可爱。’他一边说，一边信心满满地在舞台上走来走去。他披着一件很大的红色斗篷，黄色的头发吹得高高的。‘不要弄乱我漂亮的头发。’他反复地说着，观众则发出一阵阵嘘声。我当时注意到摔跤场里座无虚席。观众嘘得越厉害，他表演得越夸张。

“看过那次表演之后，我对自己所从事的拳击运动更有信心了。不过，我的父母对我则开始感到不安。但我明白，信心是一个人成大事的关键，我在训练时总是在心里对假想的对手说：‘我将成为最出色的拳击手。’直到现在，我自己的公司就叫‘最出色的公司’。因为，我从 12 岁时就知道，我将成为最出色的拳击手。

“在我的每一场业余拳击比赛中，我总是机动防守、猛击对方并最后获胜。我拍着胸脯，强调着自己多么出色，我一直都知道，我比戈尔热·乔治可爱得多。我还知道，我能比那个摔跤手卖出更多的票，获得更大的成功。

“我并不孤独，很多同学都参加学校的拳击训练，我们总是谈论谁将成为下届拳击冠军。有一位老师认为我是个说大话的人。她看不起我，好像很讨厌我自信心十足的样子，她根本不相信我的能力。有一天，我和伙伴们正在走廊里比画着拳击姿势，她走过来，眼睛直盯着我说：‘你永远不会有出息的。’

“17 岁的时候，我在路易斯维尔戴上了‘金手套’。第二年，1960 年，我在罗马奥运会上夺得金牌，我成了全世界最出色的拳击手。回家后，我做的第一件事情就是走进那位教师上课的教室。我问她：‘你还记得你说我永远不会有出息的话吗？’她看着我，一副吃惊的样子。‘我现在是世界上最出色的拳击手。’我一边说一边抓着系着金牌的绸带在她面前晃动。说完我把金牌放进口袋，然后头也不回地走出那间教室。”

拳王阿里的故事说明，人的一生会遭遇许多对手，他们会用各种方式向你挑战，但实际上，真正能打败你的只有你自己，因为失败的心理往往是从自己心中开始产生的。

在我们的内心深处，总是存在着两股力量，一股力量使我们觉得自己天生就是个强者，另一股力量却在时时提醒自己“你办不到”。而当我们遇到困难与失败时，这种矛盾的内部力量的斗争会变得更加激烈。其实，我们每个人最大的敌人就是自我怀疑和害怕失败的心理。这种怀疑会妨碍我们进步，让我们不敢去冒险甚至不敢去尝试，或者在失败后让我们一蹶不振。

在现实生活中，我们可能会遭遇各种各样的挫折、困难甚至是失败，这时，要想使自己不垮下去，首先要做的便是从心理上战胜自己。也许有人会说避免犯错和失败的唯一方法就是什么事情都不做，但这种想法是不可取的，也是不现实的。因为不做就不会有收获。古话说“失败乃成功之母”，人失败并不可怕，因为如果没有失败、没有挫折，人就无法成长，也就无法成就事业。所以，有志气的人会从失败中吸取教训、总结经验；而没有志气的人失败了，不仅不能从失败中获得任何教训和经验，反而会对自己越来越没有信心，会一蹶不振，最终只能离成功越来越远。

改变是由平凡走向成功的关键

这个故事曾激励了无数的人。

美国犹太裔钢琴家格拉夫曼是一位非常优秀的钢琴家，21 岁就获得了利文特里音乐大奖。在此后的 30 年中，他一直在全世界做巡回演出。

1979 年，对于音乐事业如日中天的格拉夫曼而言，世间最大的悲剧发生了：他的右手受伤，被告知不能再继续弹奏钢琴了。在那段日子里，格拉夫曼非常沮丧，不知道自己该做些什么。那一年，他去哥伦比亚大学学习，想要找到自己今后从业的方向，重拾自信。但正是这次进修，日后对他竟产生了深远的影响。

几年后，格拉夫曼以惊人的毅力开始专攻左手演奏。了解钢琴演奏的人都知道，弹钢琴通常都是右手弹旋律，左手弹和弦，如果想用一只手来表现两只手所能达到的丰富音色和美妙旋律，那简直比登天还难，因为这要求左手的5个手指必须有非常强的独立性，拇指与食指弹奏旋律，中指和无名指伴奏，小指弹奏低音，同时左手在弹奏中必须掌握“大跳”的技巧。

为了弥补自己只用一只手弹奏造成的音色的不足，格拉夫曼动用了双脚，轮换踏着中踏板和右踏板来延长低音。这是一场痛苦的训练过程，但即便如此痛苦和艰难，格拉夫曼依旧相信自己能战胜困难。1985年，他与祖宾·梅塔及纽约爱乐乐团成功演奏了《北美近代协奏曲》，用精湛的弹奏技巧赢得了“左手弹奏传奇”的美誉。

2009年，已经81岁高龄的格拉夫曼来到了北京市中山公园音乐堂，他用一只手继续演绎着他的经典传奇。演奏的那一天，格拉夫曼缓缓地走上舞台，优雅地给观众鞠了一躬，然后用右手略显吃力地挪动了一下座椅，接着左手便开始流畅地弹奏起来。整场音乐会下来，格拉夫曼几乎没有换过姿势，他完美地演绎了一首首动人的曲子。而每一曲结束后，音乐厅里都会响起持久而热

烈的掌声。在场的观众没有一个人不为他的精彩演奏所倾倒，也没有一个人不为他那坚强不屈的意志所折服。而对于一个钢琴家来说，左手独奏，是一次极其痛苦的重生。

格拉夫曼的故事说明，现实中的困难并不能将一个人打败，只有人自身潜意识里的软弱，才能真正摧毁一个人的意志。人都会遇到困难、失败，但困难、失败不能成为打败人坚强的意志的武器，所以，人不管是受到外界客观因素的影响还是自身能力欠缺，都不要气馁，不要悲观，更不要绝望。人只要坚信自己“能行”，那么，做事情的时候就会充满力量。人不要轻易向困难低头，要相信自己，勇敢地追逐梦想，这样，一切才有“可能”。

当然，人如果一开始就把自己定位成一个平庸者，那么，到最后也只能是个平庸者。所以，改变什么时候都不晚，改变是由平凡走向成功的关键。

一分为二看完美与缺陷

有一个寓言故事，讲的是有个圆被切去了很大一块，它想让自己恢复完整，于是四处寻觅失落的部分。因为它残缺不全，只能慢慢滚动，所以能在路上欣赏鲜花，能和毛毛虫聊天，享受阳光。一路上，它找到了各种不同的碎片，但都不合适自己，所以，它只能把那些碎片丢在路边，继续往前寻找。

有一天，这个残缺的圆终于找到了一块非常适合自己的碎片，它很开心，赶忙把它拼上，拼上后，它开始滚动起来。由于这块碎片很合适，使残缺的圆成为了一个完整的圆，圆开始滚得很快。在快速的滚动下，它看到的世界与之前看到的完全不同。它看不清路过的景色，和小动物聊天更不可能，它甚至因为滚得太快有些天旋地转的感觉。

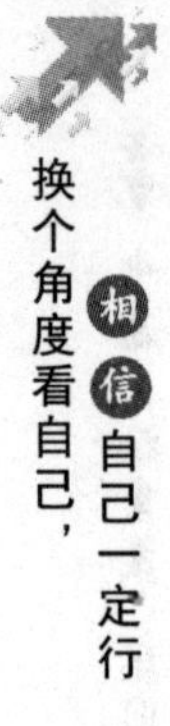

后来圆停止了滚动，为了欣赏沿途的美景，为了和小动物聊聊天，它把补上的碎片又丢在了路边，变回了原来那个残缺的圆。

从某种意义上看，缺陷或大或小、或多或少，人人都有。然而，面对缺陷，大多数人的反应都是去掩饰，而袒露缺陷则是需要勇气的。

台湾著名画家刘墉在教学生画国画的时候，经常发现有些学生极力掩饰自己作品中的缺点，有时有学生认为画得一般，干脆就不拿出来了。遇到这种情况，刘墉会对他们说："初学画画总免不了有缺点，否则你们也就不必学了！这就像去找医生看病，是因为身体有不适的地方，看医生时每个病人都要把自己的病症说出来，以便医生诊断。而你们学画画，交作业给老师，则是希望老师发现问题并加以指正，所以，有问题，画得不好，你们又何必极力掩饰呢？"

是的，我们应该明白，有缺陷并不是一件坏事，那些认为自身条件已经足够好，以至于无可挑剔、不必改变现状的人，往往是缺乏进取心，缺少超越自我、追求成功的人。相反，承认自己的缺陷，能正确认识自己的长处与短处，可以使自己处在一种清醒的状态，遇事也容易做出比较理智的判断。

西方有位哲学大家说："在人世间，人是注定要与'缺陷'相伴，而与'完美'相去甚远的。"如同维纳斯的断臂，正是"缺陷"造成了她无与伦比的美。所以，不完美也是一种完美，把自己定位为一个不完美的人实际上是一个豁达、成熟的人，更是有智慧的人。

我们要战胜自己的懦弱，战胜自己的虚荣，还要战胜世俗的偏见，所有这些，与承认自身的缺陷是分不开的，所以承认缺陷，如果没有勇气，也是做不到的。

人就是生活在对与错、善与恶、完美与缺陷共存的现实中，人既然能从自己的优势中受益，为什么就不能从自己的缺陷中"受益"呢？如同我们既然能看到美，也就能看到"不美"。

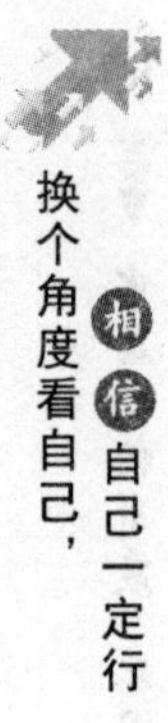

选择是人生的“双向门”

选择是横在人生之路上的“双向门”，选择正确人们可以成功；选择错误，人们可能进入失败。

所以，智商高不如选择正确，选择正确能调动智商向着成功的方向迈进。

某山城有一家纺织厂，经济效益不好，工厂决定让一批人下岗。在这一批下岗人员里有两位女性，她们都四十岁左右，一位是大学毕业生，工厂的工程师；另一位则是普通女工。就智商而论，这位工程师的智商无疑超过了那位普通工人，然而，她们对待下岗的态度却大不一样，由于态度的不一样，最终导致她们的命运也不同。

智商高的女工程师下岗了！这成了全厂的一个热门话题，人们纷纷议论着、嘀咕着。女工程师对人生的这一变化深怀怨恨。她愤怒过、骂过、也找人吵过，但都无济于事。因为下岗人员的数目还在不断增加，别的工程师也开始下岗了。然而，尽管如此，这位女工程师的心里仍不平衡，她始终觉得下岗是一件丢人的事。她的心态渐渐地由愤怒转化成了抱怨，又由抱怨转化成了内疚。

她整天闷闷不乐地待在家里，不愿出门见人，更没想到要重新开始自己的人生，孤独和忧郁的心控制了她的全部，包括她的智商。她本来就血压高，身体弱，她忧郁的心又总是把自己的注意力集中到下岗这件事上。她内心一直都在拒绝这一变化，但这一变化又实实在在地摆在了她面前，她无法解脱。没过多久，她就带着忧郁的心和不低的智商孤寂地住了医院。

另一位普通女工的心态却大不一样，她很快就从下岗的阴影里解脱了出来。她想别人既然能生活下去，自己就也能生活下去。她还萌生了一个信念——一定要比以前活得更好！从此以后，她的内心没有了抱怨和焦虑，她平心静气地接受了现实。说来也怪，平心静气的心居然让她变得“聪明”起来，她发现了自己以前从来没有认真注意过的自己的长处，即她对烹调非常内行。就这样，在亲戚朋友的支持下，她开起了一个小小的火锅店。由于她经营有方，火锅店生意十分红火，仅一年多，她就大大营利了。现在她的火锅店规模扩大了几倍，她成了山城里小有名气的餐馆老板，也过上了比在工厂时更好的生活。

一个是智商高的工程师，一个是智商一般的普通女工，她们都面临着同样一个困境——下岗，但为什么她们的命运却迥然不同呢？原因就在于她们心态不同，选择也不同。

选择如同一枚硬币的两面，人在选择时，光明、希望、愉快、幸福……这是让人积极奋进的；黑暗、绝望、忧愁、不幸……这是拖人进入消极泥潭的。

明人陆绍珩说：

敢于世上放开眼，

不向人间浪皱眉。

一个人生活在世上，就要敢于“放开眼”，而不要动不动就“皱眉头”。

杰里是个饭店经理，有一天，他忘记了关后门，被三个持枪的歹徒拦住了。歹徒朝他开了枪。

幸运的是事情发现得早，杰里被送进了急诊室。经过18个小时的抢救和几个星期的精心治疗，杰里出院了，只是仍有小部分弹片留在他体内。

6个月后，他的一位朋友见到了他。朋友问他近况如何，他说："我快乐无比。想不想看看我的伤疤？"朋友看了伤疤，然后问当时他想了些什么。杰里答道："当我躺在地上时，我对自己说有两个选择：一是死，一是活。我选择了活。医护人员都很好，他们告诉我我会好的。但在他们把我推进急诊室后，我从他们的眼中读到了'他是个死人'。我知道我需要采取一些行动。"

"你采取了什么行动？"朋友问。

杰里说："有个护士大声问我有没有对什么东西过敏。我马上回答：'有的。'这时，所有的医生、护士都停下来等我说下去。我深深吸了一口气，然后大声吼道：'子弹！'在一片大笑声中，我又

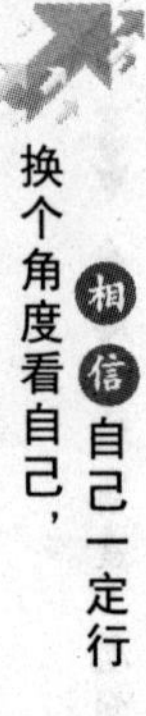

说道：‘请把我当活人来医，而不是当死人来治。”’

“我就这样活下来了。”

这是法新社一篇稿子讲的一个真实故事。这个故事告诉我们的就是：人生充满了选择，心态积极就会选择正确。

下篇

信美好，爱世界

谦虚永记，骄傲永戒

古人说："知人者智，自知者明。"人只有正确认识自己，端正了心态，才能保持头脑清醒，认清事物本质，否则，过于看重自己，或过于看不起自己，都会产生骄傲或自卑心理，影响做人处世的心态，使自己成为"自己的敌人"。

齐庄公乘车出游，看到路上有一只小小螳螂伸出前臂，准备阻挡车子前进。庄公十分惊讶。

车夫却说："这种虫子凡是看到对手都会这样，它们妄想以自己的力量阻挡对手，但它们并不自量，认识不到自己有多大力量，于是常常被碾死。"

这就是螳螂认不清自己的后果，也是"螳臂挡车"典故的由来。

古希腊德尔斐神庙有一座碑，上面的箴言就是：认识你自己。

即说人只有认识了自己，才能变得睿智。

弘一法师在《律学要略》中说：“我出家以来，在江浙一带并不敢随便讲经或讲律，更不敢赴什么传戒的道场，其缘故是因个人感觉学力不足，三年来在闽南虽曾讲过些东西，内心总觉得非常惭愧。这次本寺诸位长者再三地唤我来参加戒期胜会，情不可却，故今天来与诸位谈谈，但因时间匆促，未能预备，参考书又缺少，兼以个人精神衰弱，拟在此共讲三天。今天先专为求授比丘戒者讲些律宗历史，他人旁听，虽不能解，亦是种植善根之事。”

弘一法师此段话表明了他谦虚的学习态度。谦虚是一面镜子，它可以照出一个人的修养、道德、气质和风度。

谦虚的人，往往把自己的心放得很低，别人只要有一点长处，他便去学，使得自身修养不断增长，人生境界不断提高。谦虚的人，即使学问再大，也总是认为自己有学不到的地方，不忘学习新的知识。

在现实生活中，一个人的谦虚，不仅能使自己具有君子之风，而且会让周围的人从内心由衷生出“尊重”之意。

提倡谦虚，一定建立在人有自知之明基础之上，因为只有有自知意识，人才能不狂妄、不自大，知道山外有山，人外有人。

人谦虚就会知是非、懂事理、明清浊、正进退，减少行动盲目性；人谦虚，就会不自卑，不自大，正确对待输与赢，同时能心怀坦荡，安于贫贱，不贪图富贵，不怨天尤人，不苛求妄想，不盲目攀比，不自惭形秽。人谦虚，就会低调处世，宽以待人，戒骄戒傲，就会让自己的努力有好结果。

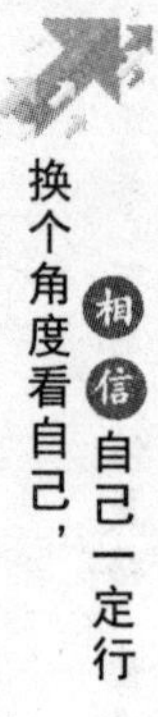

看“对手”不能消极看

人在遇见“对手”时，尤其是遇到针锋相对的“竞争对手”时，会有恨不得把他立刻打翻在地的心态。这是因为，人对威胁到自己的人与事，心里本能会产生一种抵抗心理。但是，生活中，人不可能不碰到“竞争对手”，有“对手”也不能说是坏事，因为，“对手”能促人成长，能让人迅速成熟，能让人不懈怠，努力奋发，更加有进取心，还可以让人从对手身上学到他人长处等智慧。

有个故事讲的是：一位动物学家对生活在非洲大草原奥兰治河两岸的羚羊群进行过研究。他发现东岸羚羊群的繁殖能力比西岸羚羊群的繁殖能力要强，奔跑速度也比西岸的羚羊每分钟快 13 米。而东西两岸这些羚羊的生存环境和属类都是相同的，饲料来源也基本一样。

于是，他在东西两岸各抓了10只羚羊，把它们分别送往对岸。结果，送到东岸的10只羚羊一年后繁殖到14只，送到西岸的10只羚羊则变得懒惰安逸，致使体弱多病，最后只剩下了3只。

实验结果证明：东岸的羚羊之所以强健，是因为在它们生活地附近有一个狼群，这个狼群是羚羊的“天敌”；西岸的羚羊之所以弱小，正是因为缺少了这么一群“天敌”。生物学证明：没有“天敌”的动物往往最先灭绝，而有“天敌”的动物则会逐步壮大。

大自然中的这一现象在人类社会也同样存在。“敌人”的力量会让受威胁的人发挥出巨大的潜能，产生出聪明的智慧，最终创造出惊人的成绩。

比尔·盖茨曾经说过这样一句话：“生活是不公平的，人必须学着去适应它。”一个人的成长道路上，会遇到数不清的竞争对手和“敌人”，这些人会阻碍你的前行，会拖你的后腿，会让你头痛，会让你烦恼，会让你沮丧，甚至会让你痛不欲生；但同时也会促使你更加努力，更加奋进。因此，一个人要想改变自己的命运与心态，就要向竞争对手学习，打败自己心中的“怕”，要更加自信，因为自信是战胜懦弱的强大武器。

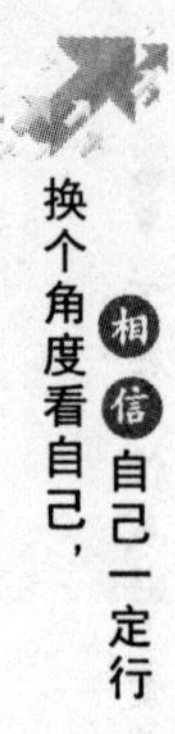

要经常借助“爱”的力量

有这样一个寓言故事：

有位妇人走到屋外，看见院中坐着三位有着长白胡须的老人。她并不认识他们。于是她说：“我想我并不认识你们，不过你们应该饿了，请进来吃点东西吧。”

“家里的男主人在吗?”老人们问。

“不在,”妇人说，“他出去了。”

“那我们不能进去。”老人们回答说。

傍晚，当她的丈夫回家后，妇人告诉了丈夫事情的经过。“去告诉他们我在家里了，邀请他们进来吧!”妇人走出屋邀请三位老人进屋。

“我们不可以一起进去。”老人们回答说。

“为什么呢？”妇人问。

一位老人解释说：“因为我们各有使命，他的名字叫财富，他的名字叫成功，而我叫爱。”接着这位老人又补充说：“你现在进去跟你丈夫讨论讨论，要邀请我们其中的哪一位到你们的家里。”

妇人告诉了丈夫刚刚与老人们谈话的内容。她丈夫非常高兴地说：“原来是这么一回事啊！让我们邀请财富进来吧！”妇人说道：“亲爱的，我们何不邀请成功进来呢？”她丈夫又想了想说：“我们还是邀请爱进来吧，没有了爱，成功和财富都没用。”

妇人同意了，到屋外向那三位老者说：“我们想要请爱先进来！”

爱朝屋子走来，另外两个老者也跟着他一起走进屋来。

妇人惊讶地问财富和成功两位老人：“我们只邀请了爱，怎么连你们也一道跟来了呢？”

财富和成功齐声回答：“如果你们邀请的是我们俩之中的任何一人，那我们三人都不会一齐进来，但你们如果邀请爱的话，那么无论爱走到哪里，我们都会跟他在一起的。因为哪里有爱，哪

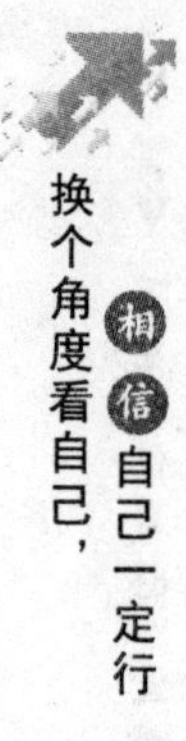

里就有我们。”

这个寓言小故事很有启发意义。人世间正是因为有了爱，才能有和谐相处、互相帮助的事情。如果人世间缺乏了爱或缺少了爱，人与人相处就不会有热情和相互帮助，甚至友情、亲情都不会产生，更不要提成功和集聚财富。

人们常说：爱的力量无穷大。是的，一个人心中有爱，就会无私地付出爱，就会“借到友谊，借到智慧，借到力量”，还会“借到成功，借到财富”，反之，如果舍不得付出自己的爱，就会成为自私的人、冷漠的人、精神上一无所有的人，而他也得不到他人的帮助和爱。

学会“变通”，“不一根筋”

关于大洋中的马嘉鱼，有这样一个捕捞故事。

马嘉鱼是一种银色的海鱼，它们平时生活在深海中，春夏之交会溯流而上，游到浅海去产卵。渔人捕捉马嘉鱼的方法也很简单：用一个孔目粗疏的竹帘，在竹帘的下端系上铁块，放入水中，用两只小艇拖着，拦截鱼群。

这种捕鱼方法听起来很可笑，因为除非所有的马嘉鱼都瞎了眼睛自己往竹帘上撞，否则，休想逮到它们。然而事实告诉人们，这是捕马嘉鱼最有效的方法。因为马嘉鱼有一种独特的“性格”，就是“不爱转弯”，它们总是一往无前地向前游，所以，一只只前赴后继地陷入竹帘孔中。它们即使陷到竹帘孔中，也不会停止行动，仍拼命往前冲，结果被竹帘孔牢牢地卡死，为渔人

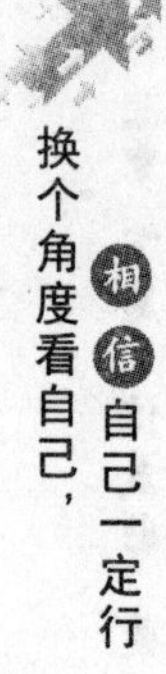

所获。

生活中，有些人就像马嘉鱼一样，不懂“变通”之理。结果陷入失败的深渊不能自拔。诚然，执着是成功者不可或缺的品质，但同时还是要懂得“变通”，懂得在适当的时候“拐弯”。人生追求中，“变通”或许是一种智慧。

看看下面这个故事，能否给你启发。

有个男子买了一栋三层楼的别墅。但是麻烦马上就出现了：夏天的酷暑让他难以忍受。于是他请来房屋建筑方面的专家，希望能解决这个问题。

第一个专家看了后，建议他安装性能高的空调。但男子认为这个方法可行性不高，因为房子的面积比较大，房间又多，安装空调用起来，电费实在太贵了，不划算。

第二个专家建议他把所有的窗户都贴上隔热纸。男子接受了这个专家的建议，但实施后，效果并不显著。

第三个专家到男子家勘察一番后告诉他：“您只要把房子交给我一天，我就可以解决您的困扰，而且费用不会花费很多的。”

男子半信半疑，答应了，把钥匙交给他了。

傍晚，男子打开家门，房间的确是凉快了许多，静下心来，还能感觉徐徐微风吹拂在脸上。

男子好奇地询问专家："您究竟做了什么？为什么会有这么大的改变？"

专家说："其实很简单，我只是在屋子的最高处和最低点，各加装一扇窗户，让空气对流罢了。"

男子非常惊讶："这么简单？"

"就是这么简单！"专家微笑地说，"要排解热气，最好的方法就是让它们找到出口！"

很多人不善于打破生活中惯有的思维方式，于是被一些条条框框所框住，让自己成为井底之蛙。其实善用"变通"能让自己做得更好，想得更周全。

这个世界每天都发生着变化，人要让自己在每个阶段都有所成长，尤其不能让自己的思维"养成定势"，人若思想有定势，就很难改变自己成为变通能力强的人；而变通能力不强，就不能在各种变化面前应对自如。当然，拥有一己之力的才华固然重要，但很多事情并不能靠才华完成，而善于打破常规之人、善于“变通”之人，可以为自己增加很多解决问题的方法。

感恩结出“真善美”

三国时，关羽在华容道放走曹操，是众所周知的故事。

关羽一直忠于蜀国，对刘备忠心耿耿，是个勇敢有谋略的大英雄，但他为何会在如此重要的战场上，放走日后有可能灭蜀的英雄曹操呢？

建安五年正月，曹操带兵亲自征讨刘备，在其攻陷下邳、迫降关羽后，鉴于关羽智勇双全，试图劝其归降于自己。当时，曹操拜关羽为偏将军，封汉寿亭侯，对关羽的照顾无微不至。后来关羽斩杀颜良后逃离了曹操，曹操手下的将士听闻后要去追赶，曹操劝阻说：“彼各为其主，勿追也。”

正因为曹操先前对自己的“至仁至义”，所以一向视义气为生命的关羽在关键时刻放走曹操也是在情理之中了。

曹操和关羽之间的“交情”，现代人将其定义为“人情”这样的关系。从心理学上讲，曹操在其有权有势的时候，曾施恩于关羽，因此当其在华容道落难后，对关羽说：“素闻关将军是有情有义之人，昔日我曾对你有恩，你怎可砍杀有恩之人？”

关羽虽然表面犹豫不决，但最后还是念在“人情”的份上，“放走”了曹操。可以说，曹操虽然没有学过系统的心理学，可是对于驾驭人的心理却是游刃有余，而他之前厚待关羽的态度更是具有大大的“先见之明”。

所以，对于身处困境的人，如果在你能力允许的范围之内，能够给予对方适时适当的帮助，那么这将具有雪中送炭的功效。而对对方而言，你的举动也许会让其永生难忘，因此，帮助他人就是帮助自己，你帮助了他人，他人便会心甘情愿地帮助你，在你的雨天里，为你撑起一把伞。

还有一个三国小故事。

三国争霸之前，周瑜并不得志，他只是军阀袁术部下一个小县的县令罢了。那时，那个小县发生了饥荒，而兵乱使粮食问题更加严峻起来。百姓没有粮食吃，就吃树皮、草根，饿死了不少人，军队也饿得失去了战斗力。周瑜作为父母官，看到这悲惨的情形急得心慌意乱，不知如何是好。

有人献计，说附近有个乐善好施的财主鲁肃，他家富裕，想必囤积了不少粮食，不如向他借些。周瑜带上人马登门拜访鲁肃，寒暄几句，就直接说："不瞒老兄，小弟此次造访，是想借点粮食。"

鲁肃一看周瑜丰仪俊朗，认为日后必成大器，他根本不在意周瑜现在只是个小小的县令，就哈哈大笑说："此乃区区小事，我答应就是。"

鲁肃亲自带周瑜去看粮仓，鲁家存有两仓粮食，谷三千斛，鲁肃痛快地说："也别提什么借不借的，我把其中一仓送与你好了。"周瑜见鲁肃如此慷慨大方，愣住了，要知道，在饥馑之年，粮食就是生命啊！周瑜被鲁肃的言行深深地感动了，两人当下就交上了朋友。

后来周瑜发达了，当上了将军，他牢记鲁肃的恩德，将他推荐

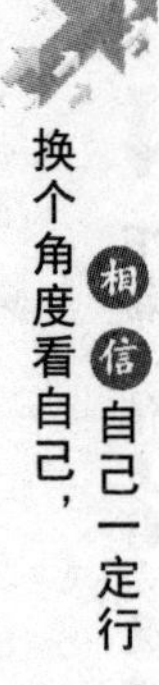

给孙权，鲁肃终于得到了成就事业的机会。

人们对雪中送炭之人总是怀有特殊的好感，所以，对身处困境的人仅仅表有同情之心是不够的，应给予具体的帮助，使其渡过难关，这种雪中送炭、分忧解难的行为最易引起对方的感激之情，也最宜形成友情、友谊。

感恩是中华民族的传统美德。感恩的人，是生活中的智者，因为拥有一颗感恩的心，会结出“真、善、美”的果实。

创造“和”的氛围

美国通用电气公司有这样一个人事案例。有一年，通用电气公司曾面临一项需要慎重处理的工作——免除查尔斯·史坦恩梅兹的计算部门主管职务。原来史坦恩梅兹在通用电气公司算得上是一等的天才，但近些年来提拔他做计算部门的主管，却让他把计算部门内部“搞成一锅粥”，既创不了高效益，又弄得人人不团结。由于史坦恩梅兹有才华，公司上层并不打算采用批评手段免去其职务——因为史坦恩梅兹十分骄傲，但又敏感又爱“面子”。

人事部门给了史坦恩梅兹一个新头衔，让他担任“通用电气公司顾问工程师”，这样既能让他发挥自己所长，又保住了他的职位，不让他觉得被免了官，另提拔其他人担任计算部门主管。

史坦恩梅兹对新头衔十分满意，通用公司的高层人员也很高

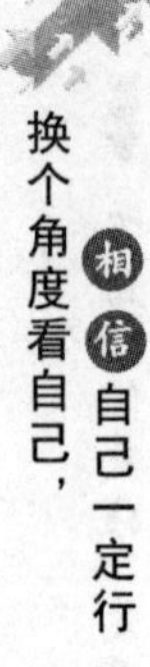

兴。因为他们“温和”地调动了公司中这位脾气最暴躁的“大牌明星”职员，而且调动没有引起一场“大风暴”，这是因为他们的尊重举措让“解职人员”保住了“面子”。

在微软计算机软件帝国里，对人的尊重放在了首要位置。公司制度中每一个细节都体现着对员工的重视。为了给员工提供自由表达的机会，微软特别设立了个性化的办公室，设立了弹性工作时间，虽然他们的价值观没有任何的口号和标语，也没有像著名的英特尔公司将人性化口号印在每一位员工的桌牌上，但是他们的价值观却深入到企业员工工作、生活中的点滴之中。他们让每一位员工都对自己的本职工作有着强烈的兴趣，让每位员工各司其职又高度配合。

公司还鼓励员工通过不断的创新体现个人价值，这样对企业发展形成新的推动力量，而员工们也都在为实现个人价值、追求客户满意和承担社会责任而不懈地努力着。尊重员工，创造“和”的氛围，为微软公司带来强大的“软实力”。

日本日立公司老板也是个非常细心并且有爱心的人，他在公司里设立了一个专门为员工架设“鹊桥”的“婚姻介绍所”。新员工进入公司，可以把自己的学历、爱好、家庭背景、身高、体重等资料输入“鹊桥”电脑网络。当某名员工递上求偶申请书，其他员工便有权调阅电脑档案，看看有无与自己匹配之人。申请看档案的员工往往利用休息时间坐在沙发上慢慢地、仔细地翻阅这些档案，直到找到满意的对象为止。一旦有人被选中，联系人会将挑选方的一切资料寄给被选方，被选方如果同意见面，公司就安排双方约会。但约会后双方都必须向联系人报告对对方的看法。

日立公司人力资源部门的管理人员说：“由于公司工作紧张，员工很少有时间能寻找到合适自己的生活伴侣。我们很乐意为他们帮这个忙。这样做既能稳定员工工作，又能增强企业凝聚力。”

是的，现代企业内的员工都很辛苦，压力也越来越大，工作强度和难度都在增强，员工们更需要得到理解和关怀，尤其是希望高层领导能够理解自己的难处，关心关怀自己。

而日立公司，除了对员工婚姻关心外，员工过生日时，公司还会送去一个祝福；员工生病时，公司会问候和探望，员工的家里

有难处和困境，公司会派人了解慰问；员工有生活烦恼，公司会提出意见和帮助。这些生活、工作中的点滴关怀，虽然与管理无关，但公司高层认为，要让员工安心工作，就要用心关爱员工，关心他们的工作、生活，甚至情感。

领导者对下属的关心之情应该发自内心，因为这是领导者人格魅力的集中体现。领导只有关心下属，公司凝聚力才会产生，人才才会留在企业。

赞美是天下最好的语言

《红楼梦》中有这么一段描写：

史湘云、薛宝钗劝贾宝玉做官为宦，贾宝玉大为反感，对着史湘云和袭人赞美林黛玉说："林姑娘从来没有说过这些混账话！要是她说这些混账话，我早和她生分了。"

凑巧这时黛玉正来到窗外，无意中听见贾宝玉说自己的好话，"不觉又惊又喜，又悲又叹。"结果宝黛两人一晚互诉肺腑，感情大增。

在林黛玉看来，宝玉在湘云、宝钗、自己三人中只赞美自己，而且不知道自己会听到，这种"好话"不但是难得的，还是发自内心的。倘若宝玉当着黛玉的面说这番话，也许黛玉会认为宝玉是在恭维自己，所以，背后说好话效果非常好。

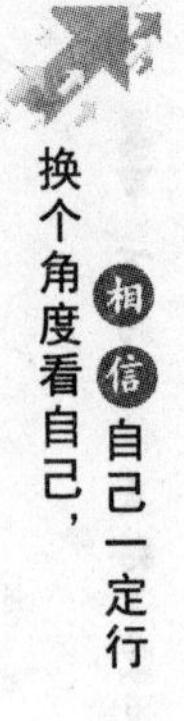

心理学认为，做人做事有这样一条规则：当你在判断别人时，你自己也被别人判断。

人与人相处，倘若经常在背后说别人坏话，挑别人短处，指责别人错误，只会让人感到你待人刻薄，没有包容心，且难以与人相处，甚至让人感到你品质恶劣而对你厌烦。如果一个人总是认为这个人不好，那个人也不行，人人都有问题，唯有自己正确，这种人也是自大自傲、不自量力的人。这种人既不善于与人相处，同时也是一个对自己不负责任的人。

其实，人与人相处，包容最重要，多看他人长处，多与他人和睦相处，得到他人帮助就会容易多了。

法国总统戴高乐1960年访问美国时，在一次尼克松为他举行的宴会上，尼克松夫人花费了很大的心思布置了一个鲜花展台，在一张马蹄形的桌子中央，用鲜艳夺目的热带鲜花衬托了一个精致的喷泉。

戴高乐将军一眼就看出这是主人为欢迎他而精心制作的，不禁赞不绝口："女主人真是用心，这一定是花了很多时间来进行漂亮、雅致的计划与布置。”尼克松夫人听后，喜悦之情溢于言表。

也许在其他人看来，尼克松夫人布置的鲜花展台不过是她作为一位副总统夫人的分内之事，没有什么值得赞美的；但戴高乐将军却能领悟到她的用心，并因此向夫人表示了自己特别的肯定与感谢，让尼克松夫人觉得自己的用心有了价值，从而使尼克松夫人非常高兴。

称赞一个人时，实事求是很重要。有时他人一个小小的优点，因为从未或很少被人赞美而赞美，于是被赞美者会认为弥足珍贵。所以，当你的发现与称赞为对方增添了一份对称赞者的认识时，其实也是增加了一次重新评估自己价值的机会。同时，你不同凡响的观察力还会获得对方的好评。

在人与人的交往中，任何人都喜欢被他人赞美。赞美也是一个人“成势”的基础。

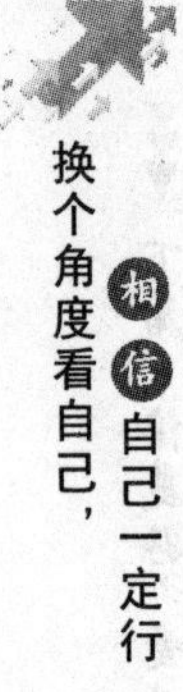

情商高，智商才高

有这样一个广泛流传的神话传说。

从前，有个国王收到邻国王子送来的三个一模一样的小金人，使者说他的王子要请教国王一个问题：三个小金人中哪个最有价值？回答正确的话，这三个小金人将全部归国王所有，回答错误的话只可获得一个金人。这可有点难住国王了，因为无论是称重量还是看做工，它们都是一模一样的。

最后，一个智慧的老臣拿着三根稻草来到国王面前，他把第一根稻草插入第一个小金人的耳朵里，结果稻草从小金人另一边耳朵里穿了出来；然后他又将一根稻草插入第二个小金人的耳朵里，结果稻草从小金人的嘴巴里冒出来；最后他把第三根稻草插入第三个小金人耳朵里，结果稻草竟掉进小金人的肚子中。

老臣说："最有价值的是第三个小金人！第一个小金人是左耳朵进，右耳朵出；第二个小金人是用耳朵听了，用嘴说出来；只有第三个小金人不仅用心倾听，而且不传话，把话吞进肚子里。"使者听后默默无语，答案正确。

第一个小金人不注意倾听，是不懂"倾听"重要性的表现。第二个小金人虽然倾听了，但听完就说，不懂"保密"的重要性。只有第三个小金人，懂得"听"与"说"的关系。事实上，倾听是获得他人好感的关键，因此，用心地倾听他人的话语不仅表示对他人的尊重，而且也是交流情感、建立友谊的基础；而不传言，不该说的不说，更能体现一个人的修养。

古话说：海纳百川。意指大海可以容得下成百上千条江河之水，人也是一样，懂得"听与说"的关系，就可懂得"该说才说"的艺术。

中国古代，著名的游侠郭解也是一个智慧的人，他不仅智商高，情商也高。

在洛阳，有一个男人因与人结怨而处境困难，许多人都出面当

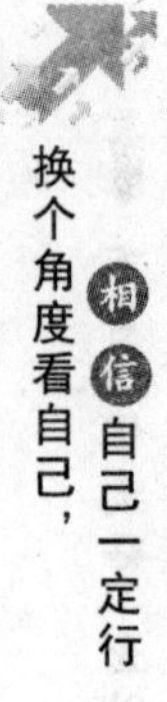

“和事佬”，但那个男人一句话也听不进去，最后只好请郭解出面，郭解晚上悄悄造访结怨者，热心地对其进行劝服，结怨者终于让步了。

这时候，如果是一般人，一定会为自己的成功而沾沾自喜，急于示人。但郭解不这样，他对那接受劝解的人说：“我听说你对前几次的调解都不肯接受，而这次很荣幸能接受我的调解。但是，我作为一个外乡人，却压倒本地有名望的人，成功地调解了你们的纠纷，实在是有违常理。因此，我希望你这次就当我调解失败了，等到我回去，由当地有威望的人再来调解时接受，怎么样？”

那人十分感动，而很多人事后了解了这件事，都为郭解有此胸怀和智慧佩服。

郭解的做法异于常人，但却留下了为人称道的美名，谁又能说郭解不是大智慧者呢？

情商高的人，做人谦虚，做事不显得太过张扬，宁可收敛，也不显示自己锋芒毕露；平静随和，却不自命清高；妥协后退，不做咄咄逼人之势，这是做人“情商高”的一大法宝。

生活中，有些人有了一点点成绩，就不可一世，恨不能嚷嚷得无人不知，无人不晓；还有些人，肆意夸大自己的成绩，以为这样能赢得他人佩服、尊重，实际上这两种做法都是情商低、不谦虚的表现，而情商高的人不仅容易交到朋友，收获友谊，同时也会让人佩服。

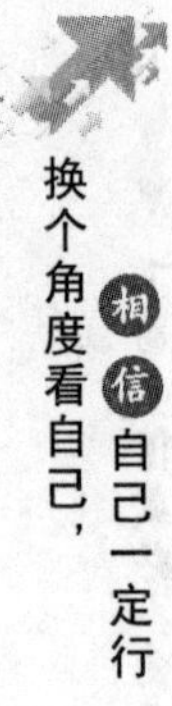

退让是有非凡气度的表现

清朝时期曾有这样一个故事：

有两个山东人是邻居，却因相邻的一尺宅基地而打了8年的官司。原来是这两家都要盖房子，其中一家先盖，后盖的这一家就说先盖的邻居占了他家一尺宽的宅基地，于是两家争执不休，最后闹得对簿公堂。因为地亩的账册不清，两家一口气打了8年的官司。这两家在开始的时候都十分富裕，之后却弄得是两败俱伤、负债累累。

后来，其中一家人辗转找到自家一个表亲，这个表亲在京城做大官，这家人心想：这下好了，找到这个靠山，我们的官司就赢定了！于是就叫仆人去京城送信。

京城的表亲看了书信后，沉思良久，写了一封回信。信的内容是一首诗：“邻里本比远家亲，一尺宅基生纷纭；待人以宽原是福，和睦相处笑胜金；方寸之墙起祸殃，让他三尺又何妨？万里长城今犹在，不见当年秦始皇！”

原来这个表亲虽做大官，却是懂得情理的智慧之人。两家传看了这封信，最终哈哈一笑，握手言欢，各让一尺，形成过道，造福乡人。

这就是懂得退让、互相包容的力量。退让是一种非凡的气度，需要人有宽广的胸怀，它的最高境界是对那些曾经伤害过自己的人的包容与接纳，是人一种精神上的成熟、心灵上的丰盈。

楚汉之争时期，在乌江之畔、芦荻丛中，项羽最终陷入十面埋伏，英雄末路，只有悲壮。

但此时，有一道小门打开了，有个渔夫摇船救他来了，虽然只是很小的“一道门”，本可容他活一命，但这个只懂得大挥洒、大放纵的西楚霸王却最终放弃了。

其实，只要项羽肯收起那“喑恶叱咤，千人皆废”的匹夫之勇，坐上小船横过江东去，也许局面就变成“江东子弟多才俊，卷土重

来未可知”了。然而，他没有那样做，他说自己无颜见江东父老，他不要别人“怜而王我”，最终选择了自刎。

“面子”最终害了项羽。其实丈夫之志，要有能屈能伸的胸怀。而项羽的“英雄之志”，却只可逞一时之能，尤其是他不敢面对失败，这是典型的懦夫行为。

当然，退让更是一种生存的智慧、生活的艺术，是看透了社会、人生以后所获得的从容、自信和超然。有些人认为退让就是吃亏，还有些人认为退让是“没有能耐”的表现，这些显然都是错误的，是过于自私狭隘的表现。

人生有退有让，才能有良好的和谐的人际关系，才能有相互信任、开诚布公交往的基础，人与人和睦融洽地相处，就不会有处处争先、事事不让、便宜全是自己占，吃亏事一件不做的事，如果人不吃亏，那是孤家寡人的做法。

众人拾柴火焰高

曾国藩认为，做人不仅要看到自己的长处，更要看到自己的短处，而弥补短处的方法是寻找机会结交相关领域的名家，多向他们学习。

曾国藩推崇的名家有两位，都是当时的理学代表人物。一位是大理寺卿唐鉴，曾国藩结识他以后，经常向他请教，并写信告诉友人说："我最初治学，不知根本，自从认识了唐鉴先生，才算从他那里学到了一点学问。而听了唐先生的话，我就像瞎子见到了光明一样。"

另一位是著名理学家倭仁。倭仁把自己每天从早到晚的言行饮食都记录在札记中。凡是自己的思想行为中不合乎义理的地方，他都要记下来，以期自我纠正。曾国藩效仿倭仁，每天将自己的

想法和行为都记下来，随时反省。他还为自己制订了12门课程，每天按时学习，并定期将所写笔记送交倭仁批阅。

另外，曾国藩还广泛结交当时的京师名流学者，学习他们的长处。例如，何绍基擅长书法诗词，曾国藩便虚心向他学习、请教；吴嘉宾学有专长，曾国藩从他身上学到了“治学应专攻一门”的道理。

在高水平的人的影响和自己的努力学习下，曾国藩在学问和为人处世方面都有了很大的提高，逐渐养成了沉稳持重的个性，此后，他不论遇到什么事都能够从容不迫、应对自如，终成一代大家。

曾国藩的人生经历告诉我们：向高水平的人学习，取人之长、补己之短，是最重要的一种学习方式。

还有胡雪岩，他之所以能成功，也是靠团队的力量，靠众人的帮助。

罗老汉老实忠厚，对丝茧较为熟悉，胡雪岩投资了一千两聘他当丝行老板；刘庆生本是一个钱庄站柜台的伙计，但为人精明，胡雪岩让他当阜康钱庄的挡手；陈世龙年轻，还十分好赌，但胡雪岩发现他很机灵，也能管住自己，就收他当了伙计，而且还下本钱培养他；湖州府衙门的户房书办郁四，虽只是一个小吏，但因他在地方经营多年，不仅熟悉当地的风土人情，在地方上有一定影响，而且掌管着征钱征粮的“鱼鳞册”，胡雪岩要代理湖州府库，要在湖州做生丝生意，就必须借助郁四的力量，于是胡雪岩将生丝生意的利润与郁四分成，以此获得了郁四的大力支持。

而胡雪岩与王有龄的友谊就更有故事了。他们互相帮衬，在胡雪岩后期十分明显。当初，王有龄没有银子去京城考学，胡雪岩就借钱给他；后来王有龄身为海运局坐办的时候，碰到解运漕米的难题，胡雪岩就替他想办法解决；王有龄被围困在杭州城，胡雪岩就亲自带银子去上海买粮食。而王有龄对胡雪岩呢？也是尽己之力，能帮则帮。

一个人无论多么聪明能干，多么刻苦努力，如果没有团队的协作，就难以在某项事业上获得伟大的成就。而任何人离开了他人的支持和配合，离开合作的环境，就像鱼儿离开了水一样，必将

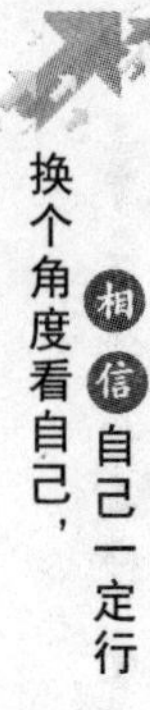

一事无成。

合作共赢，抱团联手打天下，古已有之，今更盛行。合作、抱团、联手历来是很受欢迎的词汇，比如合作共战，等等，因为单打独斗的时代已经过去，个人英雄主义不值得提倡，孤军奋战早晚要摔跟头，而“一个好汉三个帮”成为立业成功的基础，原因在于“合作”胜过“单打独斗”。

发挥潜力，让思维多元化

有这样一个神话传说：

有一年冬天，猎人带着猎狗去打猎。猎人一枪击中了一只兔子的后腿，受伤的兔子拼命地逃生，猎狗在其后穷追不舍。可是追了一阵子，兔子跑得越来越远了。猎狗知道实在是追不上了，于是悻悻地回到猎人身边。猎人气急败坏地说："你真没用，连一只受伤的兔子都追不到！"

猎狗听了很不服气地辩解道："我已经尽力而为了呀！"

而兔子带着枪伤成功地逃生回家后，兄弟们都围过来惊讶地问它："那只猎狗很凶呀，你又带了伤，是怎么甩掉它的呢？"

兔子说："它是尽力而为，我是竭尽全力呀！它没追上我，最多挨一顿骂；而我若不竭尽全力地跑，可就没命了呀！"

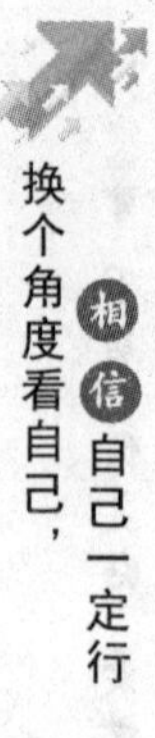

这个小故事生动地说明了人在紧急状况下的巨大潜能的力量。每个人都有极大的潜能，正如心理学家所指出的，一般人的潜能只开发了2%~8%左右，像爱因斯坦那样伟大的大科学家，也只开发了12%左右。一个人如果开发了大脑中的50%潜能，就可以背诵四百本教科书，可以学完十几所大学的课程，还可以掌握二十多种不同国家的语言。也就是说，人有90%左右的潜能还处于沉睡状态，还未发掘出来。

潜能对人的作用极大。我们经常看到报纸上诸如一位母亲看到孩子被压在车下，一人将车推翻，将孩子救出来的故事。

人要想出类拔萃、创造奇迹，仅仅做到“尽力而为”远远不够，必须做到“竭尽全力”才行。而努力向更高、更远的目标迈进，挖掘潜能更为重要，因为潜能带动思维，思维多元化了，人就有可能获得更大的成功。

潜能的力量在人身上是巨大的，人只要发掘，潜能就会浮现出来，这其中人必须正确认识自我，了解自己的优势和劣势，同时还要善思考，敢于打破旧有习惯，解放思维，让自己的潜能“破土而出”。

改变自己最重要

改变周围的环境是很多人都有过的想法，但改变自己的想法却常常为人所忽视。比如，我们常会抱怨周围的卫生环境太差了，尽管看到遍地的垃圾，自己也会把手里的垃圾随手一丢，还会安慰自己说反正已经脏成这样了，多一些垃圾也无妨。其实，也许正是因为大多数人和你抱着同样的想法，大家都不维护卫生环境，周围的环境才会变差。所以，如果我们每个人都不改变自己对卫生环境的态度，周围环境怎么会有改观呢？

很久以前，人都是赤脚行走的。但有一天，一位国王去偏远的乡间旅游，路上有很多碎石头，把他的脚硌得生疼，他大怒，回到皇宫后，就下令将国内的所有道路都铺上一层牛皮。他觉得这样做，不仅自己不再受苦，全国老百姓也都可以免受石头硌脚之苦了。

国王的愿望是好的，但问题是哪里有那么多牛皮？即使把全国所有的牛都杀了，也没有足够的皮革，这还不算用牛皮铺路所花费的物力和人力成本。但既然是国王的命令，谁敢说个“不”字呢？

就在大家为此发愁的时候，一个聪明的大臣向皇帝大胆谏言说：“国王啊！为什么您要劳师动众，牺牲那么多头牛，花费那么多金钱呢？您何不用两片牛皮包住您的脚，这样不就免受石头硌脚之苦了吗？”

国王一听，马上醒悟过来，于是立刻收回命令，改用这位大臣的建议。据说，这就是“皮鞋”的由来。

这个故事告诉我们，人有时想改变世界真的很难，因为这需要很多条件；而改变自己则容易得多，因为只要把自己心理调整好就行了。所以，与其寄希望于改变世界，不如先从改变自己做起。

在英国威斯敏斯特教堂的圣公会主教墓碑上，写着这样的一段话：

当我年轻的时候，我的想象力没有受到任何限制，我梦想着改变整个世界。

当我渐渐变得成熟明智的时候，我发现这个世界是不可能被改变的，于是我将目标放低了一些——只改变我的国家。但是这似乎也很难。

当我到了迟暮之年，我抱着最后一丝希望，决定只改变我的家人、我亲近的人。但是，唉！他们根本不接受改变。

现在，在我临终之际，我才突然意识到：如果起初我只改变自己，接着我就可以改变我的家人。然后，在他们的激发和鼓励下，我也许就能改变我的国家。再接下来，或许我就可以改变整个世界了。

是的，当我们没有能力去改变环境的时候，没有能力改变他人的时候，尤其是环境不利于我们的时候，尤其是他人不接纳我们的时候，我们就应当先改变自己，这是人生的一种大智慧，也是人生的一种简单策略。

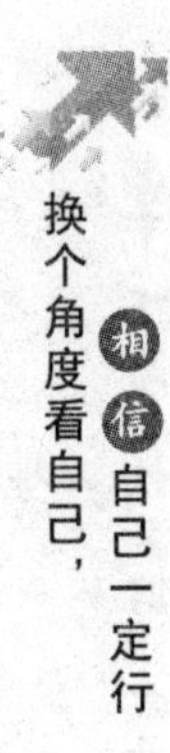

眼界决定境界

现在的麦当劳已经发展成了全世界快餐业的“巨无霸”，但许多人不知道的是，这并不是它的创始人麦当劳兄弟的功劳。将麦当劳发展壮大的是另一个叫瑞·克罗克的美国人。克罗克经商的故事很发人深省。

克罗克是一个经历非常坎坷的人，年过五十还事业无成，他做着一门小小的生意——推销奶昔机器。一次偶然的机会，他发现业务报表上有一家叫麦当劳的汽车餐厅一次性订购了 8 台奶昔机器。他认定这是一家不一般的店，于是立刻动身前往该店察看。

到了后，他发现这家餐厅的生意很是红火。克罗克在那观察了几天，敏锐地意识到，随着社会生活节奏的加快，麦当劳这样的快餐店会越来越受到人们的青睐。于是，他立即找到了餐厅老板麦当劳兄弟，要求与他们合伙做生意。克罗克向他们陈述了自己的想法，告诉他们如果能去其他城市开几家分店，营业额将会大大提高。

克罗克还自告奋勇要为麦当劳开辟市场，麦当劳兄弟只需提供资金。但麦当劳兄弟并不感兴趣，他们对现状已经很满足了。他们凭着这一家店，一年就能够稳赚25万美元，这在当时可不是个小数字。不过，他们听了克罗克的“宏伟大计”后同意让克罗克加入进来，帮他们打理生意。

克罗克进入快餐店后，很快就掌握了经营快餐店的方法。在这个过程中，他曾多次建议麦当劳兄弟改善营业环境，以吸引更多的顾客，并提出了配制套餐、轻便包装、送餐上门等一系列经营方法，以扩大业务范围，增加服务种类，满足顾客需求，由此获取更多的营业收入。

由于克罗克经营有道，他为店里招徕了不少顾客，生意越做越好，这使麦当劳兄弟对他极为看重，甚至对他言听计从。虽然餐馆在名义上仍是麦氏兄弟所有，但实际上的经营管理权和决策权

已经慢慢掌握在了克罗克的手中。

在不断完善经营模式的同时，克罗克认为麦当劳应当扩大经营规模，他建议麦氏兄弟在全国各地开设连锁店，麦氏兄弟同意了。最终在克罗克的努力下，6 年之后，麦当劳在全美国的连锁店达到了 200 多家。

在与麦氏兄弟合作的过程中，克罗克发现麦氏兄弟容易满足于现状，目光短浅，跟他们长期合作不会有太大的发展前途。所以克罗克决定买下麦当劳，由自己全权经营。

1961 年的一个晚上，克罗克与麦氏兄弟进行了一次艰难的谈判。起初，克罗克先提出条件，麦氏兄弟坚决不答应。后克罗克稍作让步后，双方又经过激烈的讨价还价，最终，克罗克答应以 270 万美元的价格买下麦当劳餐馆。双方达成协议后，很快进行了产权交割，并办理了相关移交手续。

这件事在当时引起了巨大的轰动，同时也进一步提高了麦当劳在美国的知名度。1968 年麦当劳的店铺达到 1000 家，1978 年达到 5000 家。经过 40 余年的发展，目前麦当劳已有 7 万多家店铺，遍布全球100多个国家和地区，几乎达到了每4小时开一家新店的速度。

1965年4月15日，麦当劳公司股票上市时，每股为22.5元，不到1个月就涨了一倍。20年后，股价约为原来的175倍。麦当劳在克罗克的经营下取得了巨大的成功，成为名副其实的“快餐帝国”。

麦当劳兄弟虽然创立了麦当劳，最后却失去了麦当劳。他们本来有机会经营好自己的店，却因为没有战略的眼光，看不到未来的趋势，所以经营了25年，还是原来的规模，直到克罗克的出现，才最终把麦当劳打造成一个庞大的“餐饮王国”。

目标大的人，胸怀大志，有战略眼光，能够看到长远的发展趋势并加以把握；而目光短浅的人只能看到眼前的小目标，满足于眼前的小利益，所以不会有大的成就。

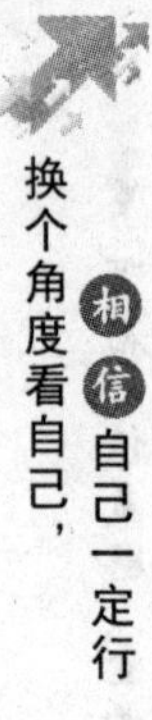

正确对待坚持与放弃

有这样一个神话传说：

从前有两个农夫，他们每天都要翻过一座大山去耕地。有一天傍晚，他们在回家的路上发现路边有两大包棉花。两人喜出望外，因为如果将这两包棉花卖掉，足可使一家人一个月衣食无忧。所以，两人马上各自背了一包棉花，匆匆赶路回家。

走着走着，其中一个农夫看到山路上有一大捆布。走近细看，竟是上等的丝绸，足足有十几匹。欣喜之余，他建议同伴一同放下背上的棉花，改背丝绸。

同伴同意了他的看法，他认为自己背着的棉花不如丝绸卖钱多，于是弃棉花背丝绸，和同伴继续前行。

又走了一段路后，一个同伴看到树林前方有东西在闪闪发光，他提议过去看看，但另一个同伴认为多走几步路，万一那东西不是黄金，便吃亏了，于是自己继续前行。发现闪光的农夫坚持走近一看，竟然是几大块黄金。这个农夫心想，这下真的发财了，于是放下肩头的丝绸，改捡黄金。

而那个前行的同伴仍然背着丝绸走。捡黄金的农夫却撕了一块丝绸将几十块黄金包起来，轻装前行，不久便赶上了背丝绸的同伴。

快到家的时候，天突然下起了瓢泼大雨，两个人都无处躲藏，全身都淋透了。更不幸的是，背丝绸的农夫背上的丝绸吸饱了雨水，变得更沉了，压得他喘不过气来，而且浸水的丝绸实际上卖价会低很多。无奈之下，这个农夫只好丢下一路辛苦背着的丝绸，空着手和捡金子的同伴回家了。

不可否认，坚持不懈是人的一种良好品性，但问题是，如果你所坚持的目标是错误的，而你仍然一意孤行、不肯另行选择，那就只能叫愚蠢；因为在错误的道路上坚持，只会导致更大的错误。而成功者的秘诀是随时检查自己的选择是否出现了偏差，随时合理地调整自己目标，放弃无谓的坚持，从而走上正确的道路。

正确看待放弃和坚持对人生之路很重要。人什么时候应该放弃，什么时候应该坚持，要根据自己的判断而定。诺贝尔奖得主莱纳斯·波林说："一个好的研究者应该知道哪些构想值得深入研究，哪些构想应当丢弃，否则人会在无用的事情上浪费很多时间。"

很多时候，人们只看到了"放弃"时的痛苦，却忘记了"不放弃"可能会带来的更大的痛苦。电影《卧虎藏龙》里有这样一句很经典的话："当你紧握双手，里面什么也没有；当你打开双手，世界就在你手中。"人只有正确看待放弃与坚持，才能在有限的生命里活得更加充实。

靠别人不如靠自己

一次聚会上，几个老同学在闲聊，几位说着说着谈起了命运。其中一个同学问：“这个世界到底有没有命运？”

在座的一个事业有成的同学说：“当然有啊。”

又有同学问：“命运究竟是怎么回事？既然一切都是命中注定，那奋斗还有什么用？”

事业有成的同学没有直接回答这个问题，而是笑着抓起旁边一位同学的左手，说要先看看他的手相，帮他“算算命”。

这个事业有成的同学拿着同学的手滔滔不绝地讲着“生命线”、“爱情线”、“事业线”，讲完后，他突然对那位同学说：“把手伸好，照我的样子做一个动作。”然后，他举起左手，慢慢地握起拳头，问道：“你握紧了没有？”那位同学有些迷惑，答道："握紧了。"事业有成的人又问："你的那些'命运线'在哪里？"那位同学机械地回答："在我的手里呀。"事业有成的人再追问："那你的命运又在哪里？"那位同学恍然大悟，大声答道："命运在自己的手里！"

事业有成的人很平静地继续说道："所以，不管别人怎么说，记住，命运永远在自己的手里！这就是命运。"

事业有成的同学又说道："当你握紧自己的拳头，你会发现你的'生命线'有一部分还留在外面，没有被握住，这又能给我们什么启示呢？"

在座的几位同学你看看我，我看看你，都露出不解的神色。

事业有成的同学说道："这说明，命运绝大部分掌握在自己手里，但还有一部分掌握在'机会'手中。古往今来，凡成大业者，其奋斗的意义就在于用一生的努力去争取"机会"。当然，有的人被"机会"垂青，有的人奋斗许多年却迟迟等不到"机会"，但倘若你不靠自己去争取，你连露在外面的"机会"也会争取不到。"

是的，成功的秘诀在自己，也在"机会"。而"机会"的范围太宽泛：有朋友给的，有自己创造的，还有真是“上天”赠予的，但无论如何，人只有通过自我奋斗，靠自己，成功才会降临。所以，不管什么时候，牢记一句话：“只有自己才是最靠得住的。”

绝对的完美不存在

有这样一个寓言故事：

有个雕刻家是一位完美主义者，他所雕成的雕像，常令人几乎难以区分哪个是真，哪个是雕像。有一天，死亡之神告诉雕刻家，他的死亡时刻即将来临。

雕刻家非常伤心，因为他害怕面对死亡。他苦思冥想了几天，终于想到一个好方法：他做了11个自己的雕像。当死神来敲门时，他藏在了那11个雕像之间，屏住了呼吸。

死神感到困惑：他看到了12个一模一样的人，他无法相信自己的眼睛，因为这种现象从未发生过！他也从没听说过上帝会创造出两个完全一样的人，因为这个世界上每个人都是唯一的。

这到底是怎么回事？死神无法确定自己究竟该带走哪一个，他只能带走一个，而他无法做出决定。他带着困惑去问上帝：“您到底做了什么？居然会有 12 个一模一样的人，而我要带回来的只有一个，我该如何选择？”

上帝微笑着把死神叫到身旁，在死神耳边轻声说了一句话。

死神问：“真的能行吗？”

上帝说：“别担心，你试了就知道。”

死神半信半疑地又来到那个雕刻家的房间，往四周看了看，说：“先生，一切都非常完美，不过我发现这里还有一点瑕疵。”

那个追求完美的雕刻家一听到这句话，完全忘记了自己此时此刻的处境，立即跳出来问：“什么瑕疵？”

死神笑着说：“哈哈，我终于抓到你了，这就是瑕疵——你无法忘记你自己。天堂里都没有完美的事物，何况人间？走吧，你的死亡时刻已经到了！”

看完这个故事，想一想，你是不是也像这个雕刻家一样，事事都追求完美？

你会不会因为鼻子上有一块需要放大镜才能看到的微斑点而不

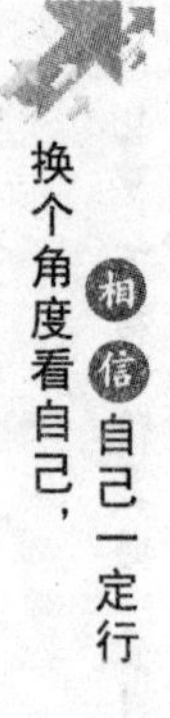

敢照镜子，甚至要去整容？

你是不是在等待一个完美的爱人？

你是不是一直渴望交一个没有任何缺点的朋友？

你是不是一心要找个待遇好、地位高、工作又很轻松的单位上班？

你是不是在参加比赛的时候总是抱着“一定要赢”的心态，不能接受失败的可能性？

如果你是一个完美主义者，你在生活中就可能常常会遭遇失望和打击，因为绝对的完美是不存在的，完美只是相对于不完美而言的。

科幻小说作家阿西莫夫说：“我不是完美主义者，我在回头看自己所写的书时，一点也不会感到遗憾或担心。”

世界上不存在完美无瑕的事物，珍珠亦有瑕，人也是如此。苛刻追求完美的事物，不仅难以如愿，还会让自己身心疲惫。但是，忽视完美，不努力向完美靠近的态度，也是不对的。人要有“我要做得更好”的决心，否则是难以成功的。所以完美要追求，但不完美是存在的。

赢得人心是最高境界

报纸上曾报道过这样一个事例：

有个馒头店的老板，每天蒸120个馒头，100个用来出售，20个用来接济贫苦的老人和孩子。在生意好的时候，馒头刚一出笼便被顾客们一抢而光了，于是有人劝他卖掉那些接济他人的馒头。可是无论别人怎样说，这个馒头店老板就是不肯将那20个馒头卖掉，而当他把热乎乎的大馒头送给贫苦老人和孩子的时候，看到那些人的脸上绽放出发自内心的笑容，这个老板就觉得自己无比幸福。

是的，付出也是一种幸福。付出是赢得人心的最高境界，付出能给别人带来快乐、幸福，自己也跟着快乐、幸福起来。

《三国演义》中有一段写道，蜀相诸葛亮为稳定后方，于公元

225年春季进军南中。

而孟获在当地少数民族和汉人中威望特别高，如果能使他诚心归服，南中就会稳定下来，蜀国的后顾之忧就会解除了。

诸葛亮明白，杀孟获不难，可杀了孟获还会有第二个、第三个“孟获”出来造反，并且他们报仇雪恨的情绪会更加高涨。于是，他采取“攻心为上，攻城为下；心战为上，兵战为下”的战略。

在第一次擒获孟获时，诸葛亮不但不杀他，还带他参观蜀军的营阵。没想到孟获反出狂言：“只恨我从前不知道你们的虚实才会战败，不然，战胜你们也太容易了。”

诸葛亮知道他心里不服，当即就放他回去让他再来交战。如此战而复擒、擒而复纵，到第七次孟获被擒时，诸葛亮仍然让孟获回去重整旗鼓，一决胜负。可这次，孟获拜倒在诸葛亮面前说：“先生真是威力无比，我再也不反叛了。”

诸葛亮见孟获心悦诚服，便举荐他到成都为官，还起用当地人充任官吏。此后，南中再未发生大的动乱。

而曹操掳获徐庶的母亲，并派人伪造其母书信，将徐庶召去许都。徐庶孝顺，无奈归曹，但他虽有出众的谋略和才华，却不愿为曹操出谋划策，因此，徐庶在曹魏阵营历时数十年，却从未在政治上军事上有所作为，曹操空有高人却不能用，今天只留下一句“身在曹营心在汉”的经典话语。

从上面两个事例可知，诸葛亮的“征服”是“使人心服”。曹操的“据为己有”，仅仅是拥有了这个“人”而没有得到其“人心”。所以，要想真正得到人心，就要从根本上去赢得人心而非想办法去占有其人。

换位思考，实现双赢

战国时期，梁国与楚国毗邻，两国在边境上各设界亭，亭卒在各自的地界内种了西瓜。梁亭的亭卒勤除草、勤浇水，瓜秧长势很好；楚亭的亭卒懒惰，瓜秧又细又弱。

楚亭出于忌妒，一夜趁机越过边界把梁亭的瓜秧全部扯断。梁亭发现后气愤难平，报告县令宋就，并准备把楚亭的瓜秧也扯断。

宋就说："楚亭这样做是很卑鄙，可是，我们明明不愿他们扯断我们的瓜秧，为什么现在要反过来去扯断他们的瓜秧？别人不对，我们再跟着学，那不仅是知错再犯，同时也显示我们的心胸太狭隘了。从今天起，你们每天晚上偷偷给他们的瓜地浇水，让他们的瓜长得更好。"

亭卒觉得宋就的话有道理，便照办了。楚亭发现自己的瓜秧长势一天好似一天，很高兴。后来，他们仔细观察，发现瓜地每天都被浇过，再经他们查看，原来是梁国的亭卒夜晚悄悄为他们浇的。楚国的边县县令听到亭卒的报告后，感到既惭愧又非常敬佩，便把这件事上报给了楚王。楚王听后，深为梁国修睦边邻的诚心所感动，于是备重礼送给梁国，以示自责，表示酬谢。结果，原本敌对的两国竟成为了友好邻邦。

在这个故事中，宋就的做法蕴含着深刻的换位思考的智慧。在面对楚国亭卒的不义之举时，他想到的不是报复，而是不能将这种不义之举施加于人。正是这样换位思考的精神感动了楚人，使他们认识到了自己行为上的错误，诚心悔过，并使楚梁两国建立起和谐的关系。

换位思考能消除误会、摩擦，能构筑起人与人友好沟通的平台。

学会换位思考后，对他人的错误、缺点会更加宽容、更加体谅，对自己会更加约束、更加限制，再遇到问题时会从他人角度去思考、去认识，这样在人际交往中会收到事半功倍的效果。

换位思考是一个人最基本的道德态度。古往今来，从孔子的“己所不欲，勿施于人”到西方哲人的“你希望别人怎样待你，你也要怎样待别人”。这种来自不同地域、不同种族、不同宗教、不同文化的人们，都说着大意相同的话。

换位思考是人类经过长期博弈、付出惨重代价后总结出来的为人处事的黄金法则。没有人是一座孤岛，社会是一个利益共同体，人与人是同一棵树上的叶和果。克鲁泡特金在《互助论》中说：“只有互助性强的生物群才能生存，而对人类来说，换位思考是互助的前提。”

换位思考的结果是双赢。很多人不明白其中道理，认为换位思考是吃亏的表现。其实，世间许多深刻的道理，往往都是简单的、直白的；而看似简单、直白的道理，要真正做到却不容易。所以，如果我们能换位思考，时刻站在他人的角度思考问题，体验他人的情感世界，我们就能融洽、友善地与人相处，实现人际关系的和谐。

僵化思想要打破

有这样一个故事：

一个曾经被妻子背叛的男人，离婚之初总是很痛苦，总是会想起自己和妻子经历过的复杂往事，无法接受妻子背叛自己的事实。他将自己长时间关在房间里，不愿见人。后来，他的家人实在是担心他，在屡次劝解无果的情况下，请来了一位老者。

老者听他说完后，对他说："莲出淤泥而不染，非莲净，观莲者心净。你的感情世界就像一盘散沙，想要重新聚拢成原先形状已不可能，不如做一个'观莲人'，干干净净地从层层叠叠的情感中走出来。"

老者的话让男子心中枷锁解开，不再去想前妻以及令人痛苦的那场背叛经过。他脸上的笑容一天天多了起来，他开始走出家门，

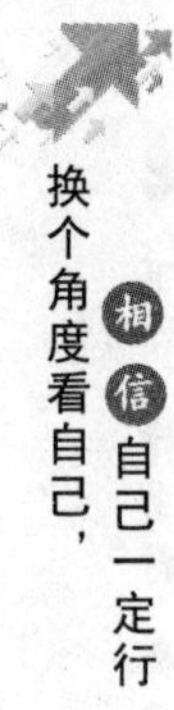

该工作工作，该休闲休闲。几年后，他遇见了另一位和他投缘的女子，和她过起了幸福的生活。

“山重水复疑无路，柳暗花明又一村。”这是诗人陆游的佳句，历来为人推崇。其实，人生中会出现许多“山重水复”的困顿境地，如果人沉浸在其中，哪怕想破脑袋也未必能够扭转局面。所以，在陷入困局时，不如看透一些，看轻一些，事情就是这样，当你稳住心态，从复杂的环境中解脱出来时，自然会看到“柳暗花明又一村”。

任何事情都是有转机的，人要泰然处之，以不变应万变。姚明到NBA打球的时候，几经沉浮，从状元首秀到以0分2个篮板的表现尴尬收场，后来又带领火箭队闯入季后赛第二轮的好成绩，最后又惨遭伤痛困扰不得不早早退役。姚明在接受采访时说了这么一句打趣的话：“不是我不明白，是这世界变化快。”他用这句话来形容自己的NBA生涯。

姚明是个聪明的人，他知道只有做好现在，才能应对未来。现在的姚明虽然不再是篮球运动员，却当上了上海大鲨鱼篮球俱乐部老板，当上了全国政协委员，成立了自己的慈善基金“姚基金”，在新的领域里发挥着自己的才能。

这就是一个适者生存的聪明人的抉择，当摆在自己面前的情况太过复杂时，不要想太多，平心静气地思考，然后找出行动方向，就会得到与之前不一样的收获。

著名航海家哥伦布发现新大陆返回英国后，英女王设宴为他庆祝。宴会上，所有在场的王公大臣，包括女王，都很想知道哥伦布是靠什么方法发现新大陆的。哥伦布却回答说：“我的方法就是驾船一直朝同一个方向走。”哥伦布的回答，令所有在场的人都惊讶不已。

人们的思想认知往往受到经验主义的影响，因此在遇到复杂局面时总是绞尽脑汁，以为不打开局面誓不罢休是一种好方法，殊不知，很多人都倒在了这条僵化的路上，或丧失信心，或迷途难返。所以，当面对复杂局面时千万不能迷失方向，不要因事态急而自乱阵脚。人只有用平静的心，理性地思考，才能真正从复杂的境遇中走出来，迎来“柳暗花明”的时刻。

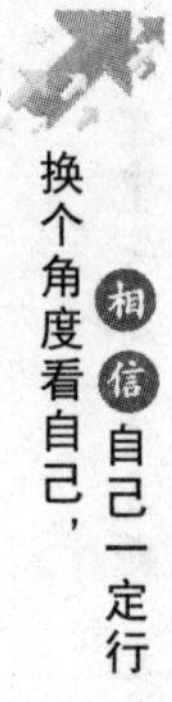

“羊群效应”两面看

心理学家曾做过一个“羊群效应”的实验：

在一群羊前面横放一根粗大的木棍，若第一只羊跳了过去，第二只、第三只也会跟着跳过去。这时，如果把那根木棍悄悄撤走，后面的羊仍然会像前面的羊一样，向上跳一下再过去，尽管那根拦路的棍子已经不存在了。这就是所谓的“羊群效应”，也称“从众心理”，即在信息量不充分的情况下，人们容易产生盲从的心理和行为。

“羊群效应”是一种非理性行为。对于个人来说，盲目跟在别人后面亦步亦趋，难免会被淘汰。对于集体而言，“羊群心态”会影响整个集体的创造力。因此，人最重要的是要有自己的主见、自己的创意，不走寻常路，这才是从大众之中脱颖而出的捷径。

人不论是加入某一个组织或是自主创业，保持创新意识和独立思考的能力都是至关重要的，这也正是一个成功人士应该具备的“思维品质”。

现实中，很多人之所以产生“从众心理”，是由于信息量不够，很难做出合理的判断，于是尾随“跟风”，而这样的举动会带来一定的风险，因为盲从往往会让人陷入骗局或遭到失败。

社会心理学家研究后发现，影响“从众心理”的最重要的因素是持某种意见的人数多少，而不是这个意见本身正确与否。人数多本身会产生一定的影响力，因为很少有人能在众口一词的大形势下坚持自己的不同意见。

人应学会正确判断形势，不盲目地附和别人，不跟着他人的思维走，要坚持独立思考，做出自己理性的判断后再付诸行动。

20 世纪末期，网络经济一路飙升，网络公司遍地开花，大量资本快速涌入这一市场。但到了 2001 年，网络经济的泡沫破灭，浮华尽散，大家这才发现在狂热的市场气氛下，获利的只是“领头羊”，无数跟风者在大浪淘沙中出局。由此可见，盲目从众的

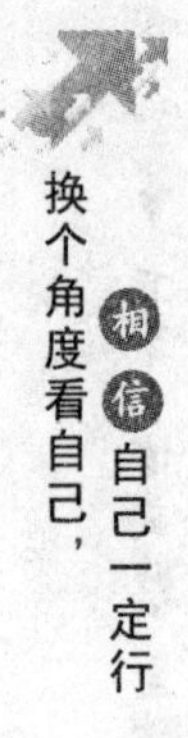

心态是不可取的。

当然，存在的东西必有其合理的一面，“羊群效应”并不见得是一无是处。在信息不对称和预期不确定的情况下，仿照别人的做法的确是风险比较低的。“羊群效应”可以产生示范作用、学习作用、推广作用和聚集协同作用，这对于弱势群体的保护和成长很有帮助。

因此，正确理性地利用和引导“羊群行为”，可以低成本、高效率地创建区域品牌，获得利大于弊的效果。“羊群效应”一般出现在信息不对称的行业，在这样的行业中，领先者(领头羊)拥有丰富的信息，占据了主导地位，“跟风者”会不断模仿这个“领头羊”的一举一动，“领头羊”到哪里去“吃草”，其他的“羊”也会去哪里“淘金”。当然，“跟风者”寻找“领头羊”并规范自己的行为，是利用“羊群效应”的关键。

包容收获幸福

有这样一个美丽的神话传说：

有个国王，他有七个女儿，这七个美丽的公主每一个都是国王的骄傲。每个人都有一头乌黑亮丽的长发。有一年，国王给她们每个人20个漂亮的发夹。七个公主拿到发夹后都是如获至宝，有的公主立刻将发夹别在头发上。

一天早上，大公主醒来，一如往常地用发夹整理她的秀发，却发现少了一个发夹。于是，她偷偷地到二公主的房里拿走了一个发夹。二公主发现丢了一个发夹，便到三公主房里拿走一个发夹；三公主发现丢了一个发夹，也偷偷地拿走了四公主的一个发夹；四公主如法炮制，拿走了五公主的一个发夹；五公主拿走了六公主的一个发夹；六公主拿走七公主的一个发夹。七公主发现自己的发夹丢了一个，找了半天没找到，于是放弃了。

过了几天，邻国英俊的王子忽然来到皇宫，他对国王说："昨天我养的百灵鸟叼回了一个发夹，我想这一定是属于公主们的，这真是一种奇妙的缘分，不晓得是哪位公主丢了发夹？"

国王召来了公主们，向她们说明王子的来意。前六个公主听到这件事，都在心里说："是我丢的，是我丢的。"可是她们头上明明完整地别着20个发夹，所以都懊恼得很。这时七公主站出来说："我丢了一个发夹。"果然，七公主头上只有19个发夹。

王子看着七公主，满眼都是爱意。故事的结局，当然是王子与七公主从此一起过着幸福快乐的生活。

这个故事说明，这世上的每件事都存在着两面性，所以，有时看似完美的事，未必就是真正的圆满之事；而某些令人缺憾的事，有时却能从另一个方面带给人意想不到的惊喜和收获。正如西方的一句格言所说："当上帝对你关上一扇门的时候，一定会为你打开一扇窗。"

故事中前六位公主在丢了一个发夹时，都想方设法去"找回”，这代表着圆满、完美的人生，而七公主却丢了一个，找不到，她的人生似乎是有了缺憾，但事实上，最先得到幸福生活的正是她。正因为七公主这种缺憾的存在，才让她的未来充满了无限的可能、无限的意外、无限的新鲜未知，这未尝不是一件值得期待的事。

其实，每个人的人生中都会有缺憾，问题在于不同的人会用不同的心态去面对，而得到的结果也会完全不同。世上的事常常不只有一种答案，对于很多事的判断人都不能简单地归结为好或不好。“金无足赤，人无完人”，世界上没有人是完美的，而有缺憾也不意味着人不能获得成功、获得美好的人生。

凡事没有绝对，如同有白天就有黑夜，有月圆就有月缺。以平和的心态面对人生中的缺憾，一样能收获幸福。

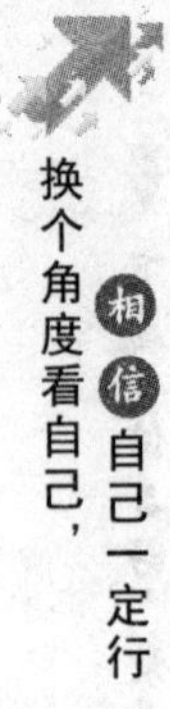

以积极的心态面对一切

我们在前面曾讲过这个故事，塞尔玛是一个普通的随军家属，一次，她陪伴丈夫驻扎在一个沙漠的陆军基地里。

因为丈夫奉命到沙漠里去演习，塞尔玛只好一个人留在陆军基地的小铁皮房子里。天气热得让人受不了。她没有人可以谈天，身边只有墨西哥人和印第安人，而他们不会说英语。她非常难过，于是就写信给父母，说要丢开这一切准备回家去。

不久，她收到了父亲的回信。信中只有短短的一句话："两个人从牢房的铁窗望出去，一个看到的是泥土，另一个却看到了星星。"

读了父亲的来信，塞尔玛觉得非常受启发，她决定在沙漠中寻找"星星"。塞尔玛开始和当地人交朋友，她连比画带说单词与当地人聊天，她对他们的纺织、陶器表现出很有兴趣的样子，而那些人则把自己最喜欢的纺织品和陶器送给她。塞尔玛还研究仙人掌和各种沙漠植物，观赏沙漠里的日出日落……

原本难以忍受的环境变成了令塞尔玛兴奋不已、流连忘返的奇景。塞尔玛为自己换个角度想问题而兴奋不已，后来她把自己的经历写成了一本书，并以《快乐的城堡》为书名出版了。

是什么让塞尔玛的内心发生了这么大的改变呢？沙漠没有改变，墨西哥人、印第安人都没有改变，改变的只是她的思考方式。一念之别，使得原本在她眼中枯燥乏味的生活变得快乐、有意义起来，她在这片土地上终于找到了属于自己的“星星”。

戴高乐说：“困难吸引坚强的人。因为人只有在拥抱困难并克服困难时，才会真正认识自己。”是的，面对同样的困境、同样的际遇与磨难，有些人可能会很快垮掉，有些人却可能因此而激扬斗志，战胜困境。

生活中，成大事者和创造奇迹的人并不是有“三头六臂”或“高强法力”的“神仙”，他们有的只是坚定的信念和顽强的意志力。人有了新的想法，有了决心与信心，就会勇敢地走出去，去努力，去奋斗，一步步实现自己设定的目标。而身陷困境时，有的人很快屈服于困难和痛苦；有的人则奋起抗争，展开了与困难的斗争。

成功者之所以成功，是因为他们总是以积极的信念督促自己不断进取，努力战胜自己的缺陷。而失败者则恰恰相反，他们用消极的心态看待一切，不积极行动，因而不可能获得成功。

试着问问自己：我心态积极吗？对于所遭遇的困难，我愿意努力去尝试克服并且相信自己能克服吗？其实，人在经历多次尝试之后，就会发现自己心中蕴藏着巨大的能量，这些能量能帮助我们克服一切困难，战胜一切坎坷。事实上，很多人之所以平庸，是因为未能竭尽所能心态积极去尝试克服弱点，而这些努力才是成功的必备条件。

坚定信念，勇往直前

奥本海默一直以来都是哈佛人的骄傲，因为他是世界上第一颗原子弹的主要研制者。1942 年，奥本海默负责了整个“曼哈顿工程”，为美国制造原子弹。制造原子弹对整个人类来说是一件开天辟地、前所未有的大事，这就意味着这件事没有任何成功的经验可以借鉴。很多人认为这项工作不可能完成；还有很多人认为，假如原子弹研制成功，对人类来说将是一场灾难。

但是，奥本海默认为，研制原子弹是为全人类服务的，他要加快步伐研制，因为德国人也在加紧研制原子弹，一旦核武器被恶魔希特勒首先掌握，后果将不堪设想。所以，奥本海默下定决心，一定要在德国人之前把原子弹制造出来。他知道，可能会有人因此诅咒他，毕竟他是在制造历史上第一个能使人类毁灭的武器。

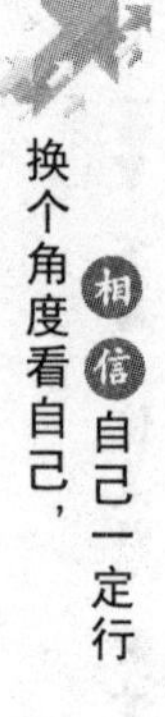

但他确信自己研制的原子弹会服务人类，这个信念给了他无穷的力量。于是他对所有关于原子弹的消极论调一概置之不理，而是以极大的热情全身心地投入到这项史无前例的艰巨工作中。

为了早日获得成功，奥本海默不仅自己努力工作，还热情地激励团队中的每一位同事。

他认为，必须群策群力、依靠广大科学家的集体智慧，才能完成这项划时代的工作。他每周组织一次学术讨论会，鼓励每位科学家畅所欲言，献计献策。

后来，他的同事回忆说："奥本海默也许是我们见过的最好的实验室主任，他的头脑十分灵活，了解工作中的每一环节，他对别人的心理有很不寻常的洞察力，这一点在物理学家中是很少见的。我们还能感受到，奥本海默在关心着我们每一个人的生活及工作。他善于挖掘我们每个人的内在潜力，善于鼓舞人。他和别人谈话时，总要使对方明白：你的工作对整个工程的成功来说是重要的。我们不记得他对谁不好，工作人员中没有一个人感到自卑。"

1945 年，奥本海默带领的团队终于成功研制出了原子弹，人类的历史也从此改写。

奥本海默的事迹告诉我们，集体力量高于个人力量。人只要坚定信念，就能勇往直前。